"十三五"国家重点出版物出版规划项目

名校名家基础学科系列
Textbooks of Base Disciplines from World's Top Universities and Experts

数学实验——
概率论与数理统计分册

李　娜　王丹龄　刘秀芹　编著

机械工业出版社

本书侧重于将概率论与数理统计课程中的典型问题设计成数学实验，将课程中抽象的数学公式、定理通过数学软件实现得到验证。通过实验操作，学生能够自己编程，加深对概念定理的理解，培养学生将形象思维与逻辑思维相结合的能力，让学生从问题出发，亲自动手，体验解决问题的过程。本书选择数学软件 MATLAB 和统计软件 SPSS，分两部分编写，内容包括用 MATLAB 进行关于离散型随机变量、连续型随机变量、描述性统计分析、蒙特卡罗模拟、参数估计、假设检验、方差分析、回归分析、多元回归分析的实验，以及用 SPSS 进行方差分析、回归分析、聚类分析、判别分析、因子分析和主成分分析的实验。

本书适合理、工、管理本科生学习使用，也可供工程技术人员参考。

图书在版编目（CIP）数据

数学实验. 概率论与数理统计分册/李娜，王丹龄，刘秀芹编著. —北京：机械工业出版社，2018.5

"十三五"国家重点出版物出版规划项目. 名校名家基础学科系列
ISBN 978-7-111-61183-7

Ⅰ. ①数… Ⅱ. ①李… ②王… ③刘… Ⅲ. ①高等数学-实验-高等学校-教材 ②概率论-实验-高等学校-教材 ③数理统计-实验-高等学校-教材 Ⅳ. ①O13-33 ②O21-33

中国版本图书馆 CIP 数据核字（2018）第 242356 号

机械工业出版社（北京市百万庄大街 22 号　邮政编码 100037）
策划编辑：郑　玫　　责任编辑：郑　玫　汤　嘉
责任印制：孙　炜　　责任校对：刘　岚
保定市中画美凯印刷有限公司印刷
2019 年 2 月第 1 版第 1 次印刷
169mm×239mm · 14.75 印张 · 276 千字
标准书号：ISBN 978-7-111-61183-7
定价：37.00 元

凡购本书，如有缺页、倒页、脱页，由本社发行部调换

电话服务	网络服务
服务咨询热线：010-88379833	机 工 官 网：www.cmpbook.com
读者购书热线：010-88379649	机 工 官 博：weibo.com/cmp1952
	教育服务网：www.cmpedu.com
封面无防伪标均为盗版	金 书 网：www.golden-book.com

前　言

　　数学实验是计算机技术与数学软件引入教学后出现的新事物，目前是理、工、管理本科生必修的一门基础课程。通过"数学实验"，学生可以更加深入地理解数学概念和理论，熟悉常用的数学软件，也有助于提高学生的动手实践能力和解决实际问题的能力。

　　本书侧重于将概率论与数理统计课程中的典型问题设计成数学实验，将课程中抽象的数学公式、定理通过数学软件的实现得到验证。通过实验操作，学生能够自己编程，加深对概念定理的理解，培养学生将形象思维与逻辑思维相结合的能力，让学生从问题出发，亲自动手，体验解决问题的过程，教会学生在"学"数学后，会"用"数学，有力地调动学生学习数学的积极性，加强对学生的数学知识、软件知识、计算机知识和动手能力的培养，达到"突出基础、注重实验、加强应用"的目的。通过本课程的学习，学生对概率论与数理统计课堂教学内容加以掌握与巩固，更通过数学软件的实践操作和应用为学生学习后续课程及在各个学科领域中进行数学建模和应用研究打下坚实的基础。

　　本书是在编者多年讲授概率论与数理统计、数学实验与 MATLAB 课程的基础上，广泛吸取了国内外相关教材的特点编写而成的。本书选择数学软件 MATLAB 和统计软件 SPSS，分两部分编写，其中李娜和王丹龄编写 MATLAB 部分，刘秀芹编写 SPSS 部分，李娜负责全书的统稿工作。

　　在本书的编写过程中，北京科技大学范玉妹教授，王萍、张志刚、徐尔三位副教授为本书提出了宝贵的意见和建议，北京科技大学的申婷、刘巧月和吴美琪同学在文字录入和程序调试方面给予了许多帮助，在此一并表示衷心的感谢！

　　本书的编写也参阅了许多专家、学者的论著文献，并引用部分论著中的例子，由于篇幅限制，恕不一一指明出处，在此一并向有关作者致谢！

　　本书的编写与出版得到了北京科技大学教材建设基金的资助。

　　限于编者水平，错漏之处在所难免，敬请读者不吝指正。

编　者

2018 年 4 月

目　录

前　言

概率统计——MATLAB 篇

实验一　准备实验 ………………… 2	5.1　实验目的 ……………………… 27
1.1　实验目的 ……………………… 2	5.2　相关知识 ……………………… 27
1.2　相关知识 ……………………… 2	5.3　MATLAB 常用命令 …………… 29
1.3　MATLAB 常用命令 …………… 4	5.4　实验内容 ……………………… 30
1.4　实验内容 ……………………… 4	5.5　课后练习 ……………………… 33
1.5　课后练习 ……………………… 5	实验六　描述性统计分析 ………… 34
实验二　古典概型 …………………… 6	6.1　实验目的 ……………………… 34
2.1　实验目的 ……………………… 6	6.2　相关知识 ……………………… 34
2.2　相关知识 ……………………… 6	6.3　MATLAB 常用命令 …………… 36
2.3　MATLAB 常用命令 …………… 7	6.4　实验内容 ……………………… 37
2.4　实验内容 ……………………… 7	6.5　课后练习 ……………………… 44
2.5　课后练习 …………………… 13	实验七　蒙特卡罗模拟 …………… 45
实验三　条件概率 ………………… 14	7.1　实验目的 ……………………… 45
3.1　实验目的 …………………… 14	7.2　相关知识 ……………………… 45
3.2　相关知识 …………………… 14	7.3　实验内容 ……………………… 45
3.3　MATLAB 常用命令 ………… 14	7.4　课后练习 ……………………… 51
3.4　实验内容 …………………… 15	实验八　参数估计 ………………… 52
3.5　课后练习 …………………… 17	8.1　实验目的 ……………………… 52
实验四　离散型随机变量 ………… 19	8.2　相关知识 ……………………… 52
4.1　实验目的 …………………… 19	8.3　MATLAB 常用命令 …………… 53
4.2　相关知识 …………………… 19	8.4　实验内容 ……………………… 53
4.3　MATLAB 常用命令 ………… 20	8.5　课后练习 ……………………… 55
4.4　实验内容 …………………… 21	实验九　假设检验 ………………… 56
4.5　课后练习 …………………… 26	9.1　实验目的 ……………………… 56
实验五　连续型随机变量 ………… 27	9.2　相关知识 ……………………… 56
	9.3　MATLAB 常用命令 …………… 57

9.4 实验内容 …………………… 57
9.5 课后练习 …………………… 64

实验十 方差分析 ………………… 65
10.1 实验目的 …………………… 65
10.2 相关知识 …………………… 65
10.3 MATLAB 常用命令 ………… 65
10.4 单因素方差分析 …………… 65
10.5 双因素方差分析 …………… 67
10.6 课后练习 …………………… 70

实验十一 回归分析 ……………… 72
11.1 实验目的 …………………… 72
11.2 相关知识 …………………… 72
11.3 MATLAB 常用命令 ………… 72
11.4 一元回归分析 ……………… 73
11.5 多元回归分析 ……………… 80
11.6 课后习题 …………………… 92

统计分析与 SPSS 应用

第1章 SPSS 统计分析软件概述 …………………… 94
1.1 SPSS 入门 …………………… 94
　1.1.1 软件概述 ………………… 94
　1.1.2 SPSS 软件的安装与激活 … 95
1.2 SPSS 使用基础 ……………… 95
　1.2.1 SPSS 的基本窗口 ………… 95
　1.2.2 SPSS 软件的退出 ………… 96
1.3 SPSS 数据文件的建立和管理 … 97
　1.3.1 建立数据文件 …………… 97
　1.3.2 数据的结构和定义方法 … 98
　1.3.3 数据的录入与编辑 …… 100
　1.3.4 数据文件的整理 ……… 104
课后练习 …………………………… 107

第2章 SPSS 基本统计分析与统计推断 …………………… 108
2.1 基本统计分析 ……………… 108
　2.1.1 频数分析 ……………… 108
　2.1.2 计算基本描述统计量 … 111
　2.1.3 探索性数据分析 ……… 113
2.2 统计推断 …………………… 115
　2.2.1 由样本推断整体——参数估计 ……………… 116
　2.2.2 假设检验 ……………… 120
　2.2.3 检验的 p 值 …………… 122

课后练习 …………………………… 124

第3章 SPSS 的方差分析 ………… 125
3.1 方差分析概述 ……………… 125
3.2 单因素方差分析 …………… 126
3.3 多因素方差分析 …………… 133
课后练习 …………………………… 143

第4章 SPSS 的相关分析与回归分析 …………………… 145
4.1 相关分析 …………………… 145
　4.1.1 相关分析概述 ………… 145
　4.1.2 绘制散点图 …………… 145
　4.1.3 计算相关系数 ………… 152
　4.1.4 偏相关分析 …………… 156
4.2 回归分析 …………………… 158
　4.2.1 回归分析概述 ………… 159
　4.2.2 线性回归分析和线性回归模型 ………………… 159
　4.2.3 回归方程的统计检验 … 161
　4.2.4 多元回归分析中的其他问题 ………………… 167
　4.2.5 线性回归分析基本操作 … 169
　4.2.6 线性回归分析的应用举例 …………………… 172
　4.2.7 曲线估计 ……………… 178
课后练习 …………………………… 185

V

第5章　SPSS 的聚类分析 ……… 187
5.1　聚类分析的一般概念 ……… 187
5.2　聚类分析中"亲疏程度"的度量方法 ……… 187
5.3　层次聚类 ……… 189
5.4　层次聚类分析中的 R 型聚类 ……… 194
5.5　K-均值聚类分析 ……… 198
课后练习 ……… 202

第6章　判别分析 ……… 204
6.1　判别分析的一般概念 ……… 204
6.2　判别分析的实现过程 ……… 204
课后练习 ……… 213

第7章　因子分析与主成分分析 ……… 215
7.1　因子分析 ……… 215
7.1.1　因子分析概述 ……… 215
7.1.2　因子分析基本内容 ……… 216
7.1.3　因子分析的基本操作及案例 ……… 220
7.2　主成分分析 ……… 227
7.2.1　主成分分析概述 ……… 227
7.2.2　主成分分析模型 ……… 228
课后练习 ……… 229

参考文献 ……… 230

概率统计——MATLAB篇

实验一　准备实验

1.1　实验目的

1）掌握 MATLAB 的基本操作；
2）学会进行矩阵和数组的输入及数组的运算；
3）了解 MATLAB 中的各种函数以及数据显示格式和帮助系统等.

1.2　相关知识

MATLAB 是英文 Matrix Laboratory（矩阵实验室）的缩写，是一款由美国 MathWorks 公司出品的数学软件．其将计算、可视化和编程功能集中在非常便于使用的环境中，是一个交互式的、以矩阵计算为基础的科学和工程计算软件，在统计分析中有广泛的应用．

视窗环境

命令窗口	命令和数据的输入输出
M 文件窗口	编辑源程序文件和调试程序
工作空间窗口	存放变量的相关信息
当前目录窗口	存放 M 或函数文件的工作目录
命令历史窗口	命令的历史纪录
起始面板窗口	工具箱组合
图形窗口	画图
帮助窗口	功能强大的帮助

矩阵基本数据操作函数

极大、极小	max，min
总和、平均	sum(x),mean(x)
中位数	median,iqr,prctile(x,p)
偏度系数	skewness
峰度系数	kurtosis
排序	sort
乘积	prod
标准差	std,std(a,1)
方差	var,var(x,1);协方差 cov
相关系数	corrcoef(x,y),corr(x)

矩阵运算

加、减法	a + b, a − b
乘法	a * b, a^2
除法	左除 a \ b, 右除 a/b

数组运算

乘法	a. * b
除法	a. /b, a. \ b
幂函数	a. ^2, a. ^b

函数文件

函数文件由 function 引导，基本结构为 function［输出形参表］= 函数名（输入形参表）调用格式为［输出形参表］= 函数名（输入形参表）

二维画图

plot(x,y)	画线
plot(x,y,'ro')	画点
plot(x1,y1,x2,y2,'……')	画多条线
plotyy(x1,y1,x2,y2)	画两条不同尺度线
stem(x,y);stem(x,y,'filled')	画竖线
text(x,y,str),(*str 必须为列向量)	在二维图形中指定位置显示字符串

plot 绘图函数的参数

参数	意义	参数	意义
r	red – 红色	–	实线
g	green – 绿色	– –	虚线
b	blue – 蓝色	:	点线
y	yellow – 黄色	–.	点划线
m	magenta – 深红	○	圆圈
c	cyan – 青蓝	×	叉号
w	white – 白色	+	加号
k	black – 黑色	s	方形
*	星号	d	菱形
.	点号		

1.3 MATLAB 常用命令

调用格式	含义
zeros（m, n）	生成 m×n 阶零矩阵
ones（m, n）	生成 m×n 阶元素全为 1 的矩阵
eye（m, n）	生成 m×n 阶对角线元素为 1 的矩阵
randn（m, n）	生成 m×n 阶正态分布随机数矩阵
inv（A）	求矩阵 A 的逆矩阵
det（A）	求矩阵 A 的行列式

1.4 实验内容

实验1 产生一个 4 阶随机矩阵.

```
 rand(4,4)
ans =
    0.6324    0.9575    0.9572    0.4218
    0.0975    0.9649    0.4854    0.9157
    0.2785    0.1576    0.8003    0.7922
    0.5469    0.9706    0.1419    0.9595
```

实验2 编写函数文件求半径为 r 的圆的面积和周长.

```
function [s,p] = fcircle(r)
% r 圆半径
% s 圆面积
% p 圆周长
s = pi * r * r;
p = 2 * pi * r;
```

实验3 在区间 $0 \leqslant x \leqslant 2$ 上，绘制曲线 $y = 2e^{-0.5x} \cos(4\pi x)$.

```
x = 0:pi/100:2;
y = 2 * exp( -0.5 * x ).* cos(4 * pi * x);
plot(x,y)
```

结果见图 1.

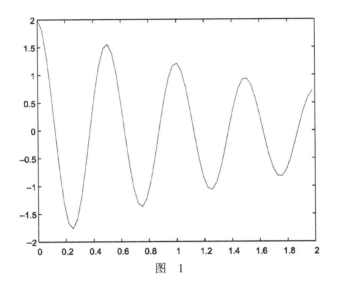

图 1

1.5 课后练习

1. 自行输入一些简单的矩阵,并对矩阵进行四则运算,体会左除和右除的区别,以及矩阵的乘法、除法、乘方与数组相应运算的区别.

2. 利用函数的递归调用,求 $n!$.

3. 画出蔓叶线 $y^2 = \dfrac{x^3}{4-x}$ 的图像.

实验二 古典概型

2.1 实验目的

1) 掌握 MATLAB 基本操作，概率计算；
2) 理解古典概型，运用到实例中解决实际问题；
3) 模拟实验验证结论.

2.2 相关知识

古典概型是概率论的起源，也是概率论中最直观、最重要的模型之一，在概率论的整个学习中占有相当重要的地位．此外，古典概型贴近于实际生活，在密码学、经济学、管理学等学科中也有着重要的应用．

1. 古典概型的定义

1) 试验的样本空间只包含有限个元素 $S = \{e_1, e_2, \cdots, e_n\}$；
2) 试验中每个基本事件发生的可能性相同 $P(\{e_1\}) = P(\{e_2\}) = \cdots = P(\{e_n\})$.

具有以上两个特点的试验称为等可能概型或古典概型．

2. 古典概型的计算公式

1) 古典概型中因为

① $\{e_1\}, \{e_2\}, \cdots, \{e_n\}$ 两两互不相容；

② $\bigcup\limits_{i=1}^{n} \{e_i\} = S$；

③ $P(S) = 1$.

由有限可加性：

$$P(S) = P\left(\bigcup_{i=1}^{n} \{e_i\}\right) = \sum_{i=1}^{n} P(\{e_i\}) = nP(\{e_i\}) = 1.$$

故

$$P(\{e_i\}) = \frac{1}{n}, \quad i = 1, 2, \cdots, n.$$

2) 若 A 是 S 中任一事件，A 的概率如何计算？

设 $A = \{e_{i_1}, e_{i_2}, \cdots, e_{i_k}\} \subset S$，则 $P(A) = ?$

$$P(A) = \frac{k}{n} = \frac{A \text{中包含样本点的个数（有利数）}}{\text{样本点总数（可能数）}}$$

2.3 MATLAB 常用命令

函 数 名	调用格式	注 释
0-1 随机数	rand(N)	返回一个 N×N 的随机矩阵
0-1 随机数	rand(N,M)	返回一个 N×M 的随机矩阵
0-1 随机数	rand	产生一个 0~1 之间的随机数

例1 连续掷100000次硬币,记录重复10次,100次,1000次,10000次试验模拟出现正面的频率. 规定随机数小于0.5时为正面,否则为反面,求解正面朝上的概率.

【MATLAB 程序】

MATLAB 命令存于 exli1.m 内,现给出算法程序,仅供参考:

```
1. 定义一个数组 aa
2. for 循环: i=1:6
    a) a(i) 是随机产生 10^i 次方个随机数将其四舍五入后求和
    b) aa 数组由 a(i) 组成
3. 跳出循环, 列表显示结果
```

【运行结果】

掷硬币模拟实验

试验次数	10	100	1000	10000	100000	1000000
正面朝上概率	0.700000	0.450000	0.484000	0.497500	0.500720	0.499835

2.4 实验内容

实验1

一个口袋装有8个球,其中白球3个,红球5个. 从袋中取出3个球,每次随机取一个. 考虑两种取球方式:

有放回抽样:第一次取一个球,观察其颜色后放回,搅匀后再取一个球;

无放回抽样:第一次取一个球不放回,第二次从剩余的球中再取一个球.

分别就上述两种方式求:

1) 第三次才摸到红球的概率;

2) 取到的三个球中至少有一个是白球的概率.

【求解过程】

从袋中取两个球,每一种取法就是一个基本事件. 假设 A = "第三次才摸到红球",B = "取到的三个球中至少有一个是白球",$\bar{B}$ = "没有取到白球".

有放回抽样,则放回摸球的三次试验互不影响,因此三次摸球相互独立有 P(白) = 3/8 和 P(红) = 5/8.

1) $P(A) = (3^2 \times 5)/8^3 \approx 0.0879$,

2) $P(B) = 1 - P(\bar{B}) = 1 - 5^3/8^3 \approx 0.7559$,

故第三次才摸到红球的概率 $P(A) \approx 0.0879$;取到的三个球中至少有一个是白球的概率 $P(B) \approx 0.7559$.

无放回抽样

1) $P(A) = \dfrac{C_3^1 C_2^1 C_5^1}{C_8^1 C_7^1 C_6^1} \approx 0.0893$,

2) $P(B) = 1 - P(\bar{B}) = 1 - \dfrac{C_5^3}{C_8^3} \approx 0.8214$,

故第三次才摸到红球的概率 $P(A) \approx 0.0893$;取到的三个球中至少有一个是白球的概率 $P(B) \approx 0.8214$.

【MATLAB 程序】

MATLAB 命令存于 ex21.m 内,现给出算法程序,仅供参考:

---

1. 定义白球、红球个数
2. 计算事件 A,B 发生的概率
   %A = "第三次才摸到红球" %B = "取到的三个球中至少有一个是白球"
3. 代入 MATLAB 命令公式,列表显示结果

【运行结果】

摸球实验理论值

试验	事件A发生的概率:$P(A)$	事件B发生的概率:$P(B)$
有放回抽样	0.087891	0.755859
无放回抽样	0.089286	0.821429

【MATLAB 模拟】

设有 m 个球,其中白球 w 个,红球 r 个. 取出 n 个球,利用二项分布产生随机数模拟摸球实验,摸出红球事件为 "0",概率为 $\dfrac{w}{m}$,摸出白球事件为 "1",概率为 $\dfrac{r}{m}$.

【MATLAB 程序】

MATLAB 命令存于 ex21.m 内,现给出算法程序,仅供参考:

1. 定义红、白球个数以及取出球个数
2. 设摸到红球为随机数1
3. a = binornd (1, pp, n, 3)
4. for i = 1: size (a, 1)
5. for j = 1: size (a, 2)
   a) if a (i, j) == 0 画红圈
   b) else 画白圈
6. 跳出循环
   %模拟第三次才摸到红球的概率
7. for i = 1: n
8. if (r (i, 1) == 0) & (r (i, 2) == 0) & (r (i, 3) == 1) 计数加一
9. 用频率值估计概率值
10. 跳出循环,画图
    %模拟取到的三个球中至少有一个是白球的概率.
11. for i = 1: n
12. if (r (i, 1) == 1) & (r (i, 2) == 1) & (r (i, 3) == 1) 计数加一
13. 用频率值估计概率值
14. 跳出循环,画图

【运行结果】见图2.

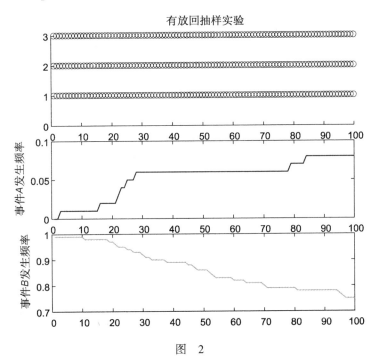

图 2

【实验2】

一部五卷的选集,按任意的次序放在书架上,试求下列事件的概率:
1)第一卷及第五卷出现在两端;
2)第一卷及第五卷不出现在两端;
3)第三卷正好出现在正中,自左向右或自右向左的卷号顺序恰好为1,2,3,4,5。

【求解过程】

设 A = "第一卷及第五卷出现在两端", B = "第一卷及第五卷不出现在两端", C = "第三卷正好出现在正中,自左向右或自右向左的卷号顺序恰好为1,2,3,4,5"。

1) $P(A) = \dfrac{2! \times 3!}{5!} = \dfrac{1}{10} = 0.1$,

2) $P(B) = \dfrac{P_3^2 \times 3!}{5!} = \dfrac{3}{10} = 0.3$,

3) $P(C) = \dfrac{2}{5!} = \dfrac{1}{60} \approx 0.0167$,

故第一卷及第五卷出现在两端的概率 $P(A) = 0.1$;第一卷及第五卷不出现在两端的概率 $P(B) = 0.3$;第三卷正好出现在正中,自左向右或自右向左的卷号顺序恰好为1,2,3,4,5的概率 $P(C) \approx 0.0167$。

【MATLAB 程序】

MATLAB 命令存于 ex22.m 内,现给出算法程序,仅供参考:

1. 定义书本个数
2. 计算概率值
3. 用 MATLAB 命令计算,列表显示结果

【运行结果】

排书实验

试验	事件A发生的概率:$P(A)$	事件B发生的概率:$P(B)$	事件C发生的概率:$P(C)$
概率	0.100000	0.300000	0.016667

【MATLAB 模拟】

采用 randperm( ) 函数产生 $1-n$ 之间不重复的随机整数模拟排书实验。

若第一卷和第五卷在两端,则产生的第一列随机数和第五列随机数的乘积为5.

【MATLAB 程序】

MATLAB 命令存于 ex22.m 内,现给出算法程序,仅供参考:

---

1. 定义固定书本个数以及试验次数
2. 画排书问题理论概率线
3. for i=1:n
4. 生成 1-5 之间不重复的随机数整数 A
   if 第一卷和第五卷在两端,画图且计数加一
5. 计算频率估计概率值
6. 跳出循环,画频率线
   %采用背景擦除的方法,动态的画点,并且动态改变坐标系
7. for i=1:n
8. 生成 1-5 之间不重复的随机数整数 A
9. 画图,pause 函数使用
10. 退出循环

【运行结果】见图3.

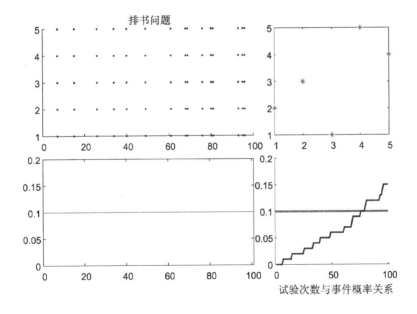

图 3

【实验3】

某班有23个学生,假设每个人在一年365天中的任意一天出生都是等可能的.那么这23个人中至少有两个人的生日相同这一随机事件发生的概率为多少?

【求解过程】

设 A = "23个人中至少有两个人的生日相同",$\bar{A}$ = "23个人生日各不相同".则

$$P(\bar{A}) = \frac{365 \times 364 \times \cdots \times (365-23+1)}{365^{23}}$$

$$P(A) = 1 - P(\bar{A})$$

$$P(A) \approx 0.5073$$

故23个人中至少有两个人的生日相同的概率 $P(A) \approx 0.5073$.

【MATLAB 模拟】

使用 unidrnd( ) 函数产生 n 个 1-365 之间的随机数模拟每个人的生日,利用二重循环寻找 n 个数之间是否有相同的点,即至少有两个人生日相同,通过多次试验求频率,观察理论值和实际之间的误差.

【MATLAB 程序】

MATLAB 命令存于 ex23.m 内,现给出算法程序,仅供参考:

```
1. 定义班级人数 rsall、试验次数 n
2. for i =1: length (rsall)
3.   for k = N - rsall (i) +1: N
4.     求概率 P,结束
5.   计算 p_rall (i) =1 - p,跳出循环
6. 画生日问题理论概率线
7. x = zeros (1, n); % 对每次试验进行计数
8. for k =1: n      % 做 n 次随机试验
9.   产生 rs 个随机数,画点,横轴表示试验的次数 k,纵轴表示生日的日期
% 用二重循环寻找 rs 个随机数中是否有相同数
10. for  i =1: (rs -1)
        for  j = i +1: rs
             if  有相同的,计数,并画出红点
11. 跳出循环
```

【运行结果】见图 4.

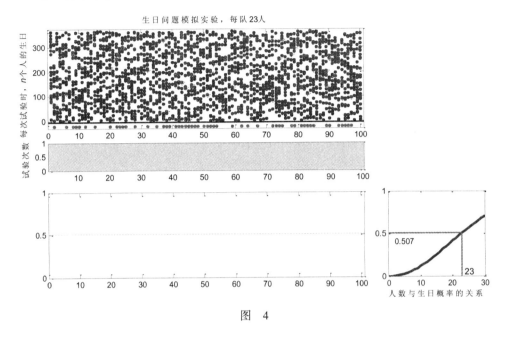

图 4

2.5 课后练习

1. 根据实验 1 完成无放回抽样的 MATLAB 模拟实验，观察实验数据和理论值的误差.（结果如下）

无放回抽样实验						
试验次数	10	100	1000	10000	100000	1000000
事件A发生的频率	0.100000	0.080000	0.085000	0.089100	0.091850	0.089616

无放回抽样实验						
试验次数	10	100	1000	10000	100000	1000000
事件B发生的频率	0.800000	0.790000	0.795000	0.807100	0.806600	0.806270

2. 根据实验 2 参考第 1 问的模拟过程完成第 2、3 问的模拟过程. 对照理论值和模拟结果，你有什么新的发现？

3. 设有 N 件产品，其中有 D 件次品，今从中任取 n 件，问其中恰有 $k(k \leqslant D)$ 件次品的概率是多少？用 MATLAB 语句实现.

4. 已知事件 A_1, A_2, A_3, A_4 相互独立且发生的概率分别为 $0.1, 0.3, 0.4, 0.05$. 试求 $P(A_1 \cup A_2 \cup A_3 \cup A_4)$.

实验三 条件概率

3.1 实验目的

1) 掌握 MATLAB 基本操作，概率计算；
2) 理解条件概型，运用到实例中解决实际问题；
3) 重点掌握全概率公式以及贝叶斯公式；
4) 模拟实验验证结论.

3.2 相关知识

在概率论中，条件概率是非常重要的基本概念，是乘法公式、全概率公式以及贝叶斯公式的基础. 条件概率与上述公式相结合有着广泛的应用.

条件概率的定义与乘法定理

1) 定义：设 A, B 为两个事件，$P(B)>0$，称

$$P(A|B) = \frac{P(AB)}{P(B)}$$

为在事件 B 发生的条件下事件 A 发生的条件概率.

从图 5 可以看出，计算 $P(A|B)$ 时，因为已知 B 已发生，故 B 所在的部分就是样本空间，而有 A 发生的情况就是 AB 所在的部分.

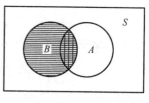

图 5

2) 乘法定理

乘法定理：若 $P(B)>0$，则 $P(AB) = P(B)P(A|B)$

若 $P(A)>0$，则 $P(AB) = P(A)P(B|A)$

推广：若 $P(A_1 A_2 \cdots A_{N-1}) > 0$，则

$$P(A_1 A_2 \cdots A_N) = P(A_1)P(A_2|A_1)P(A_3|A_1 A_2)\cdots P(A_N|A_1 A_2 \cdots A_{N-1})$$

这是因为

$$\begin{aligned}P(A_1 A_2 \cdots A_N) &= P(A_1 A_2 \cdots A_{N-1})P(A_N|A_1 A_2 \cdots A_{N-1})\\ &= P(A_1 A_2 \cdots A_{N-2})P(A_{N-1}|A_1 A_2 \cdots A_{N-2})P(A_N|A_1 A_2 \cdots A_{N-1})\\ &= \cdots = P(A_1)P(A_2|A_1)P(A_3|A_1 A_2)\cdots P(A_N|A_1 A_2 \cdots A_{N-1})\end{aligned}$$

3.3 MATLAB 常用命令

函数名	调用格式	注释
组合数	nchoosek(n,k)	计算组合数 C_n^k
排列数	factorial(n)	计算排列数 $n!$

例1 计算组合数 C_{32}^{9}.

```
>> B = nchoosek(32,9)
```

运行结果：

```
B =
28048800
```

例2 计算排列数 A_{13}^{5}.

```
>> D = nchoosek(13,5) * factorial(5)
```

运行结果：

```
D =
  154440
```

3.4 实验内容

【实验1】

用某种方法普查肝癌，设 $A = \{用此方法判断被检查者患有肝癌\}$，$D = \{被检查者确实患有肝癌\}$，已知 $P(A|D) = 0.95$，$P(\bar{A}|\bar{D}) = 0.90$，而且已知 $P(D) = 0.0004$，今随机选一人用此方法进行肝癌检查.

1) 求用此方法判断被检查者患有肝癌的概率；
2) 已知现有一人用此法检验患有肝癌，求此人真正患有肝癌的概率.

【求解过程】

随机选择一人，选到的人可能是真正患有肝癌，也可能不患肝癌，即 D 和 $\bar{D}$，结果是用此方法判断被检查者患有肝癌.

1) 用此方法判断被检查者患有肝癌的概率，使用全概率公式；

$$P(A) = P(D)P(A|D) + P(\bar{D})P(A|\bar{D})$$
$$= 0.0004 \times 0.95 + (1 - 0.0004) \times (1 - 0.90)$$
$$= 0.10034$$

故用此方法判断被检查者患有肝癌的概率为 0.10034.

2) 已知现有一人用此法检验患有肝癌，求此人真正患有肝癌的概率，使用贝叶斯公式；

$$P(D|A) = \frac{P(D)P(A|D)}{P(A) = P(D)P(A|D) + P(\bar{D})P(A|\bar{D})}$$
$$= \frac{0.0004 \times 0.95}{0.0004 \times 0.95 + (1 - 0.0004) \times (1 - 0.90)}$$
$$\approx 0.0038$$

所以，已知现有一人用此法检验患有肝癌，此人真正患有肝癌的概率约为 0.0038.

【MATLAB 程序】

MATLAB 命令存于 ex31.m 内，现给出算法程序，仅供参考：

---
1. 定义试验次数
2. 利用全概率公式和贝叶斯公式计算概率
3. 列表显示结果

【运行结果】

```
                       实验3.1
        ---------------------------------
        事件A发生的概率           0.100340
        ---------------------------------
        事件(D|A)发生的概率       0.003787
```

实验2

三个人独立地去破译一个密码，他们能译出的概率分别为 1/3，1/4，1/5. 问能将此密码译出的概率为多少？

【求解过程】

设 A, B, C 分别表示三人能译出密码，$P(A) = 1/3$，$P(B) = 1/4$，$P(C) = 1/5$，密码能译出的概率为

$$P(A \cup B \cup C) = 1 - P(\overline{A \cup B \cup C})$$
$$= 1 - P(\overline{A}\,\overline{B}\,\overline{C})$$
$$= 1 - P(\overline{A})P(\overline{B})P(\overline{C})$$
$$= 1 - (1 - 1/3)(1 - 1/4)(1 - 1/5) = 3/5$$

所以能将此密码译出的概率为 3/5.

【MATLAB 程序】

MATLAB 命令存于 ex32.m 内，现给出算法程序，仅供参考：

---
1. 定义试验次数
2. 利用公式计算概率
3. 列表显示结果

【运行结果】

```
pabc =   0.6000
```

实验 3

设有某个产品一盒共 10 只,已知其中有 2 只次品,从中取两次,每次任取一只,做不放回抽样,求第一次取到次品后第二次再取到次品的概率.

【求解过程】

不放回抽样,则第一次的抽样结果直接影响到第二次的抽样结果,所以这是条件概率问题.

设事件 $A = \{$第一次抽的次品$\}$,事件 $B = \{$第二次抽的次品$\}$,事件 $AB = \{$第一次和第二次都抽的次品$\}$,显然,有

$$P(A) = \frac{C_2^1}{C_{10}^1} = 0.2,$$

$$P(AB) = \frac{C_2^2}{C_{10}^2} \approx 0.022,$$

根据条件概率定义,可得

$$P(A|B) = \frac{P(AB)}{P(A)} \approx 0.111,$$

所以第一次取到次品后第二次再取到次品的概率约为 0.111.

【MATLAB 程序】

MATLAB 命令存于 ex33.m 内,现给出算法程序,仅供参考:

1. 定义试验次数
2. 利用公式计算概率
3. 代入 MATLAB 命令公式,显示结果

【运行结果】

```
           实验3.3
---------------------------------
事件A发生的概率         0.200000

事件AB发生的概率        0.022222

事件(A|B)发生的概率     0.111111
---------------------------------
```

3.5 课后练习

1. 掷一枚均匀硬币直到出现 3 次正面才停止. 求:

1) 正好在第六次停止的概率;

2) 正好在第六次停止的情况下,第五次也出现正面的概率.

2. 将两个信息分别编码为 A 和 B 传递出去,接收站收到时,A 被误收为 B 的概率为 0.02,B 被误收为 A 的概率为 0.01,信息 A 和信息 B 传送的频繁程度为 2∶1,如接收站收到的信息为 A,原发信息是 A 的概率是多少?

3. 抗战时期,某军方组织 4 组人员各自独立破译敌方情报密码. 已知头两组能单独破译出的概率均为 1/3,后两组各自独立破译出的概率均为 1/2,求破译密码的概率.

4. 设某猎人在猎物 100m 处对猎物打第一枪,命中猎物的概率为 0.5. 若第一枪未中,则猎人继续打第二枪,此时猎物与猎人已相距 150m. 若第三枪还未命中,则猎物逃逸. 假如该猎人命中猎物的概率与距离成反比. 试求该猎物被击中的概率.

实验四 离散型随机变量

4.1 实验目的

1) 熟练运用 MATLAB；
2) 掌握离散型随机变量概率分布知识点；
3) 掌握二项分布和泊松分布的实际应用；
4) 模拟实验论证结论.

4.2 相关知识

1. 离散型随机变量定义与分布律的定义

1) 定义 设离散型随机变量 X 所有可能取到的值是 $x_1, x_2, \cdots, x_k, \cdots$，记事件 $\{X = x_k\}$ 的概率为 $P\{X = x_k\} = p_k, k = 1, 2, \cdots$，则称 $P\{X = x_k\} = p_k$ 为离散型随机变量 X 的概率分布，也称为分布律.

2) 将离散型随机变量 X 的可能取的值与相应的概率列成下表：

X	x_1	x_2	$\cdots$	x_k	$\cdots$
P	p_1	p_2	$\cdots$	p_k	$\cdots$

这就是随机变量 X 的概率分布表或分布律列表.

概率分布中的概率值 p_k 满足：（1） $p_k \geq 0, k = 1, 2, \cdots$ （2） $\sum_k p_k = 1$.

2. 几种常见的分布

1) (0-1) 分布

若随机变量 X 只可能取 0 或 1 两个值，我们说它服从 (0-1) 分布. 一般 (0-1) 分布的概率分布为 $P\{X = 1\} = p, P\{X = 0\} = 1 - p$，其中 $0 < p < 1$.

(0-1) 分布虽然简单，但很有用. 当随机试验只有两个可能的结果时，常可以用 (0-1) 分布的随机变量来描述. 比如，产品质量检验中的正品与次品，抽奖结果的中奖与不中奖，射击结果的击中与未击中，等.

2) 二项分布

一般，如果随机变量 X 的概率分布如下

$$P\{X = k\} = C_n^k p^k q^{n-k}, k = 0, 1, \cdots, n (0 < p < 1, q = 1 - p)$$

则称 X 服从参数为 n 和 p 的二项分布（Binomial distribution），记为 $X \sim B(n, p)$.

显然，$P\{X = k\} = C_n^k p^k q^{n-k} \geq 0$，且利用二项式定理，不难证明

$$\sum_{k=0}^{n} p_k = \sum_{k=0}^{n} C_n^k p^k q^{n-k} = (p + q)^n = 1.$$

二项分布的应用背景：若每次试验中，事件 A 发生的概率是 p，那么独立重复进行 n 次这样的试验，事件 A 发生的次数 X 是一个随机变量，X 服从参数为 n 和 p 的二项分布.

3）泊松分布

通常，设常数 $\lambda > 0$，如果随机变量 X 的概率分布为

$$P\{X = k\} = \frac{\lambda^k}{k!} e^{-\lambda}, \ k = 0, 1, 2, \cdots$$

称 X 服从参数为 λ 的泊松分布（Poisson distribution），记 $X \sim P(\lambda)$ 或 $X \sim \pi(\lambda)$.

泊松分布在排队论、生物学、医学以及服务行业等领域有着广泛的应用.

4.3 MATLAB 常用命令

函 数 名	调用格式	注 释
二项分布 密度函数	R = binopdf(X,N,P)	X 为随机变量，N 为独立重复试验的次数，P 为事件发生的概率.
二项分布 累积分布函数	R = binocdf(X,N,P)	N 为独立重复试验的次数，P 为事件发生的概率.
二项分布 逆累积分布函数	R = binoinv(X,N,P)	N 独立重复试验的次数，P 为事件发生的概率.
泊松分布 密度函数	R = poisspdf(X,LMD)	X 为随机变量，LMD 为参数.
泊松分布 累积分布函数	R = poisscdf(X,LMD)	X 为随机变量，LMD 为参数.
泊松分布 逆累积分布函数	R = poissinv(X,LMD)	X 为随机变量，LMD 为参数.

例 试用 MATLAB 编程，分别绘制 lamda = 1，5，10 时的泊松分布的概率分布函数与分布函数曲线.

【MATLAB 程序】

MATLAB 命令存于 ex41.m 内，现给出算法程序，仅供参考：

1. 定义 x 的区间范围，lamda 的取值
2. for i =1: length (lamda)
   a) 求泊松分布的概率密度函数
   b) 求泊松分布的分布函数
3. 跳出循环，画概率密度函数图和分布函数曲线

【运行结果】如图 6 所示.

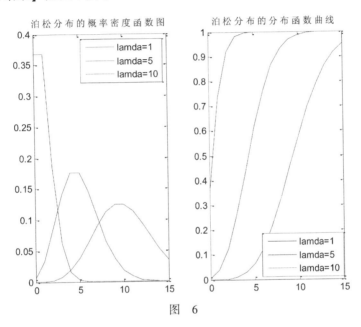

图 6

4.4 实验内容

实验1

某人对同一目标进行独立射击 400 次，设每次射击时的命中率均为 0.02，试求至少命中两次的概率.

在同一条件下重复 n 次独立试验，每次试验结果只有发生或者不发生，称

$$P\{X=k\} = C_n^k p^k (1-p)^{n-k} (k=0,1,2,\cdots,n)$$

为 X 服从参数 n, p 的二项分布，记为 $X \sim B(n,p)$

【求解过程】

令 $A = \{$一次射击命中目标$\}$，则 $P(A) = p = 0.02$. 设 X 表示 400 次射击命中目标的次数，则 $X \sim B(400, 0.02)$.

$$P\{X \geq 2\} = 1 - P\{X = 0\} - P\{X = 1\}$$
$$= 1 - 0.98^{400} - C_{400}^{1} \times 0.02 \times 0.98^{399}$$
$$\approx 0.9972$$

故至少命中两次的概率约为 0.9972.

【MATLAB 程序】

MATLAB 命令存于 ex41.m 内，现给出算法程序，仅供参考：

1．定义试验次数，相关变量

2．利用公式求解

【运行结果】

px = 0.9972

【MATLAB 模拟】

当 n 很大的时候，二项分布计算量相当大，所以一般 n 很大，p 很小的时候，可以采用泊松分布近似计算二项分布的值．我们采用 MATLAB 的图形绘制功能分别绘制二项分布和泊松分布计算所得的概率值，并进行比较分析．我们发现当 n 很大，p 很小时，泊松分布近似得比较好．并且根据图形我们可以验证

1) 当 $(n+1)/p$ 不为整数时，二项概率 $P\{X = k\}$ 在 $k = [(n+1)p]$ 时达到最大值；

2) 当 $(n+1)/p$ 为整数时，二项概率 $P\{X = k\}$ 在 $k = [(n+1)p]$ 和 $k = [(n+1)p - 1]$ 时达到最大值．

在本题中 p 为 0.02，所以在 $k = 8$ 时二项概率最大，验证结果符合．

【MATLAB 程序】

MATLAB 命令存于 ex33.m 内，现给出算法程序，仅供参考：

1．定义试验次数、相关变量

2．求一次射击命中目标的概率以及至少命中两次的概率

3．for k = 0: n

4．根据二项分布公式求概率

5．根据泊松分布公式求概率

6．跳出循环，画图

7．for k = 0: n

   a) 根据二项分布公式求概率

   b) 根据泊松分布公式求概率

8．跳出循环，画图

【运行结果】如图 7 所示.

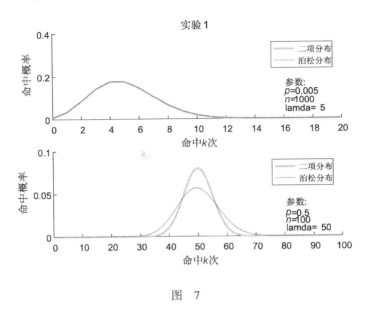

图 7

实验2

某运输公司有 500 辆汽车参加保险,在一年内每辆汽车出事故的概率为 0.006,每辆参加保险的汽车每年交保费 800 元,若一辆车出事故保险公司最多赔偿 50000 元. 试计算,保险公司一年赚钱不少于 200000 元的概率.

【求解过程】

设 $A = \{$某辆汽车出事故$\}$,则 $P(A) = p = 0.006$. 设 X 表示运输公司一年内出事故的车数,则 $X \sim B(500, 0.006)$.

保险公司一年内共收保费 $800 \times 500 = 400000$,赔偿费为 $50000X$ 元,若赚钱不少于 200000 元,即 $800 \times 500 - 50000X \geqslant 200000$,$X \leqslant 4$. 故在这一年中出事故的车辆数不能多于 4 辆.

利用二项分布,由于 $n = 500$,$p = 0.006$ 直接计算比较难,所以采用泊松分布近似计算. 取 $\lambda = np = 500 \times 0.006 = 3$.

$$P\{X \leqslant 4\} \approx \sum_{k=0}^{4} \frac{3^k}{k!} e^{-3} \approx 0.8153$$

故保险公司一年赚钱不少于 200000 元的概率为 0.8153.

【MATLAB 程序】

MATLAB 命令存于 ex42.m 内,现给出算法程序,仅供参考:

1. 定义试验次数、相关变量
2. 利用公式求解
3. MATLAB 命令：二项分布累积分布函数

【运行结果】
R = 0.8153

【MATLAB 模拟】
首先利用泊松分布和二项分布绘制出事故车辆数和出事故概率图，因此我们可以发现随着出事故车辆数的增加，出事故概率减小，累积概率趋近1.

【MATLAB 程序】
MATLAB 命令存于 ex42.m 内，现给出算法程序，仅供参考：

1. 定义相关变量
2. for k = 0: nx
    a) 根据二项分布公式求概率
    b) 根据泊松分布公式求概率
3. 跳出循环
4. 画图 m = 0: 1: nx;
5. for k = 0: nx
    计算盈利
6. 画盈利图

【运行结果】如图 8 所示.

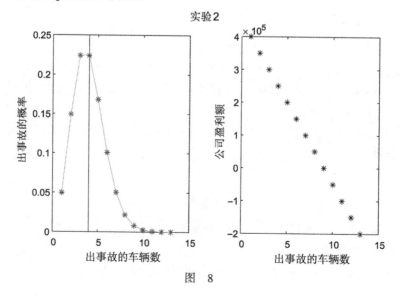

图 8

实验3

一张考卷上有 7 道选择题,每道题列出 4 个可能的答案,其中只有一个答案是正确的. 某同学靠猜测至少能答对 6 道题的概率是多少?

【求解过程】

每答一道题相当于做一次伯努利试验,则答 7 道题相当于做 7 次试验. 令 $A = \{$答对一道题$\}$,则 $P(A) = \dfrac{1}{4}$.

设 X 表示该学生靠猜测能答对的题数,则 $X \sim B\left(7, \dfrac{1}{4}\right)$.

$$P\{X = k\} = C_7^k \left(\dfrac{1}{4}\right)^k \left(1 - \dfrac{1}{4}\right)^{(7-k)} \quad (k = 0, 1, \cdots, 7)$$

$$P\{X \geq 6\} = \sum_{k=6}^{7} C_7^k \left(\dfrac{1}{4}\right)^k \left(1 - \dfrac{1}{4}\right)^{(7-k)} \approx 0.0013$$

故至少能答对 6 道题的概率约为 0.0013.

【MATLAB 程序】

MATLAB 命令存于 ex43.m 内,现给出算法程序,仅供参考:

---

1. 定义试验次数、相关变量
2. 利用公式,调用 MATLAB 命令求解

【运行结果】

r = 0.0013

【MATLAB 模拟】

本试验中试验结果只有两个:A 和 $\bar{A}$,故该试验是伯努利试验,将伯努利试验独立地重复做 n 次,这 n 次试验中 A 发生的次数是个随机变量且服从二项分布,所以我们画出二项分布的分布律,通过观察 k 的变化,寻找二项分布的最可能次数.

【MATLAB 程序】

MATLAB 命令存于 ex43.m 内,现给出算法程序,仅供参考:

---

1. 定义相关变量
2. r = binocdf (n, n, pa) - binocdf ((n-2), n, pa)
3. for k = 0:n
    二项分布公式求 n 次试验中 A 发生 k 次的概率
4. 跳出循环,画图

【运行结果】如图 9 所示.

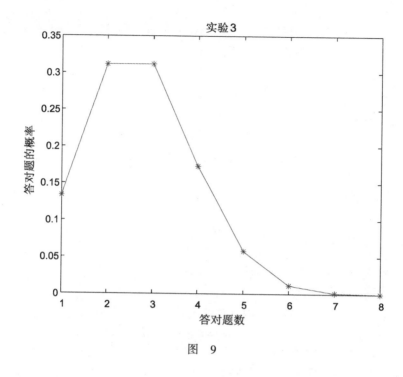

图 9

4.5 课后练习

1. 已知 n 重伯努利试验中参数 $p=0.75$，问：至少应该做多少次试验，才能使试验成功的频率在 0.74 和 0.76 之间的概率不低于 0.95？

2. 在一个繁忙的交通路口，单独一辆汽车发生意外事故的概率是很小的，设 $p=0.0001$，如果某段时间内有 1000 辆汽车通过这个路口，问：在这段时间内，该路口至少发生 1 起意外事故的概率是多少？

3. 设有一批产品，共有 1000 件，已知该批产品中次品率为 1%，那么随机抽取 150 件进行检验，这中间次品不超过 2 件的概率有多大？

实验五 连续型随机变量

5.1 实验目的

1) 熟练掌握 MATLAB 函数命令；
2) 理解常用连续型随机变量知识：均匀分布、指数分布、正态分布；
3) 应用实例进行练习．

5.2 相关知识

1. 连续型随机变量的概率密度函数

定义 对于随机变量 X，如果存在定义在 $(-\infty, +\infty)$ 上的非负可积函数 $f(x)$，使得对实数轴上的任何集合 B，都有

$$P\{X \in B\} = \int_B f(x)\,dx$$

则称 X 为连续型随机变量，称 $f(x)$ 为 X 的概率密度函数．

不难看出，若 X 为连续型随机变量，则对任何实数 $a,b(a<b)$，都有

$$P\{a < X < b\} = P\{a < X \leq b\} = P\{a \leq X < b\}$$
$$= P\{a \leq X \leq b\} = \int_a^b f(x)\,dx$$

特别地，如果令上式中实数 $a = b$，则有 $P\{X = a\} = \int_a^a f(x)\,dx = 0$.

此外，由于随机变量 X 的取值一定是实数值，故而有

$$1 = P\{X \in (-\infty, +\infty)\} = \int_{-\infty}^{+\infty} f(x)\,dx,$$

因此，概率密度函数 $f(x)$ 满足如下两条基本性质：

(1) $f(x) \geq 0$；   (2) $\int_{-\infty}^{+\infty} f(x)\,dx = 1$.

2. 几种常见的分布

1) 均匀分布

如果连续型随机变量 X 的概率密度函数为

$$f(x) = \begin{cases} \dfrac{1}{b-a}, & a < x < b \\ 0, & 其他 \end{cases}$$

则称 X 服从区间 (a,b) 上的均匀分布（Uniform distribution），记为 $X \sim U(a,b)$.

易见，$f(x) \geq 0$，且 $\int_{-\infty}^{+\infty} f(x) \mathrm{d}x = \int_a^b \frac{1}{b-a} \mathrm{d}x = 1$.

若随机变量 X 服从区间 (a,b) 上的均匀分布，设区间 $(c,d) \subset (a,b)$，则有

$$P\{c < X < d\} = \int_c^d f(x) \mathrm{d}x = \int_c^d \frac{1}{b-a} \mathrm{d}x = \frac{d-c}{b-a},$$

上式表明，X 落在区间 (a,b) 的任何子区间上的概率与该子区间的长度成正比，而与子区间的位置无关．

2）指数分布

若连续型随机变量 X 的概率密度函数为

$$f(x) = \begin{cases} \lambda \mathrm{e}^{-\lambda x}, & x \geq 0 \\ 0, & x < 0 \end{cases} \quad (\lambda > 0),$$

则称 X 服从参数为 λ 的指数分布（Exponential distribution）．

易知，$f(x) \geq 0$，且 $\int_{-\infty}^{+\infty} f(x) \mathrm{d}x = \int_0^{+\infty} \lambda \mathrm{e}^{-\lambda x} \mathrm{d}x = -\mathrm{e}^{-\lambda x} \Big|_0^{+\infty} = 1$.

3）正态分布

若连续型随机变量 X 的概率密度函数为

$$f(x) = \frac{1}{\sqrt{2\pi} \sigma} \mathrm{e}^{-\frac{(x-\mu)^2}{2\sigma^2}}, \quad -\infty < x < +\infty, \text{ 其中 } \mu, \sigma (\sigma > 0) \text{ 为常数,}$$

则称 X 服从参数为 μ, σ^2 的正态分布（Normal distribution），记为 $X \sim N(\mu, \sigma^2)$.

显然，$f(x) \geq 0$，也可以验证 $\int_{-\infty}^{+\infty} f(x) \mathrm{d}x = 1$.

正态分布的概率密度函数曲线如图 10 所示：

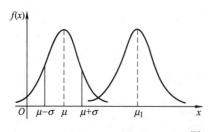 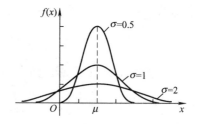

图 10

可见，正态分布的概率密度函数曲线具有如下特点：

1° 曲线关于 $x = \mu$ 对称；

2° 曲线在 $x = \mu$ 处取到最大值，x 离 μ 越远，$f(x)$ 值越小．这表明对于同样长度的区间，若区间离 μ 越远，则 X 落在这个区间内的概率越小；

3° 曲线在 $\mu \pm \sigma$ 处有拐点；

4° 曲线以 x 轴为渐近线;

5° 若固定 μ, 则 σ 越大时图形越平缓, 反之, σ 越小时图形越尖陡. 进而可知, σ 越小时 X 落在 μ 附近的概率越大. 若固定 σ, 改变 μ 值, 则图形沿 x 轴平移, 其形状不发生改变. 故而称 σ 为尺度参数, μ 为位置参数.

若正态分布的概率密度函数中, 参数 $\mu=0$, $\sigma=1$, 则称 X 服从标准正态分布, 记为 $X \sim N(0,1)$. 习惯上记标准正态分布的概率密度函数为

$$\varphi(x) = \frac{1}{\sqrt{2\pi}} e^{-\frac{x^2}{2}}, \quad -\infty < x < +\infty.$$

易见, 标准正态分布的概率密度函数 φ 关于 y 轴对称.

对于标准正态分布来讲, 分布函数 $\Phi(x) = \int_{-\infty}^{x} \frac{1}{\sqrt{2\pi}} e^{-\frac{t^2}{2}} dt$ 总是满足:

$$\Phi(-x) = 1 - \Phi(x).$$

进一步, 由本节开始处连续型随机变量分布函数的定义可以知道, 若 $X \sim N(0,1)$, 则有

$$P\{X \leq x\} = P\{X < x\} = \Phi(x),$$

从而
$$P\{X \geq x\} = P\{X > x\} = 1 - \Phi(x).$$

若已知随机变量 $X \sim N(\mu, \sigma^2)$, 则对任意给定的实数 a,b, 查标准正态分布表, 即可求出如下形式的概率值:

$$P\{X \leq a\} = P\{X < a\} = \Phi\left(\frac{a-\mu}{\sigma}\right);$$

$$P\{X \geq a\} = P\{X > a\} = 1 - \Phi\left(\frac{a-\mu}{\sigma}\right);$$

$$P\{a \leq X \leq b\} = P\{a < X < b\} = P\{a \leq X < b\} = P\{a < X \leq b\}$$
$$= \Phi\left(\frac{b-\mu}{\sigma}\right) - \Phi\left(\frac{a-\mu}{\sigma}\right).$$

特别有 $P\{\mu - 3\sigma < X < \mu + 3\sigma\} = \Phi(3) - \Phi(-3) = 2\Phi(3) - 1 = 0.9974$.

这说明, 若随机变量 $X \sim N(\mu, \sigma^2)$, 则 X 的取值以 0.9974 的概率落在区间 $(\mu - 3\sigma, \mu + 3\sigma)$ 之内, 这一性质被称为正态分布的 3σ 准则.

5.3 MATLAB 常用命令

函 数 名	调用格式	注 释
均匀分布密度函数	unifpdf(X, A, B)	X 为随机变量, A, B 为均匀分布参数
均匀分布累积分布函数	unifcdf(X, A, B)	X 为随机变量, A, B 为均匀分布参数
均匀分布逆累积分布函数	unifinv(P, A, B)	P 为概率值, A, B 为均匀分布参数

(续)

函 数 名	调用格式	注 释
指数分布密度函数	exprdf(X)	X 为随机变量
指数分布累积分布函数	exprdf(X, L)	X 为随机变量，L 为参数
指数分布逆累积分布函数	expinv(P, L)	P 为显著概率，L 为参数
正态分布密度函数	normpdf(X, M, C)	X 为随机变量，M，C 为参数
正态分布累积分布函数	normcdf(X, M, C)	X 为随机变量，M，C 为参数
正态分布逆累积分布函数	norminv(P, M, C)	P 为显著概率，M，C 为参数
均匀分布随机数（连续）	unifrnd(A, B, m, n)	[A, B] 上均匀分布（连续）随机数
均匀分布随机数（离散）	unidrnd(N, m, n)	均匀分布（离散）随机数
指数分布随机数	exprnd(Lamda, m, n)	参数为 Lamda 的指数分布随机数
正态分布随机数	normrnd(MU, SIGMA, m, n)	参数为 MU，SIGMA 的正态分布随机数

5.4 实验内容

【实验1】

设某类日光灯管的使用寿命 X（单位：h）是服从参数 $\lambda = \dfrac{1}{2000}$ 的指数分布的随机变量.

1) 任取一根这种日光灯管，求能正常使用 1000h 以上的概率；

2) 有一根这种日光灯管，已经正常使用了 1500h，求至少能再使用 1000h 的概率.

【求解过程】

设 X 为正常使用的小时数，根据题目可得 X 的累积概率为 $P\{X \leq x\} = \int_0^x \lambda e^{-\lambda u} du = 1 - e^{-\lambda x}$

1) $P\{X > 1000\} = 1 - P\{X \leq 1000\} = e^{-1000\lambda} = e^{-1/2} \approx 0.6065$，

2) $P\{X > 2500 | X > 1500\} = \dfrac{P\{X > 2500\}}{P\{X > 1500\}} = \dfrac{e^{-2500\lambda}}{e^{-1500\lambda}} = e^{-1000\lambda} \approx 0.6065$

所以，任取一根这种日光灯管，能正常使用 1000h 以上的概率约为 0.6065；已经正常使用了 1500h，至少能再使用 1000h 的概率约为 0.6065.

【MATLAB 程序】

MATLAB 命令存于 ex51.m 内，现给出算法程序，仅供参考：

1. 定义相关变量、区间
2. 求在向量 x 上的累积分布
3. 根据概率知识求概率

【运行结果】

实验5.1

试验	1000h内不出现故障的概率：P_1	用了1500h还能再用1000h的概率：P_2
概率值	0.606531	0.606531

实验2

对正态分布的 3σ 法则进行演示，设 $X \sim N(\mu,\sigma^2) = N(1,2^2)$，

1) 画出其密度函数曲线 $f_X(x)$；
2) 分别对 $(\mu-\sigma,\mu+\sigma)$，$(\mu-2\sigma,\mu+2\sigma)$，$(\mu-3\sigma,\mu+3\sigma)$ 进行填充；
3) 分别求出随机变量 X 落在这三个区间内的概率；
4) 产生 $n=10000$ 个随机数，计算其分别落在这三个区间内的频率.

【MATLAB 程序】

MATLAB 命令存于 ex52.m 内，现给出算法程序，仅供参考：

1. 定义相关变量、区间
2. 画正态分布密度函数曲线
3. 根据 3σ 法则求出三个区间，填充相应区间
4. 用 MATLAB 命令 int 求出随机变量 X 落在这三个区间内的概率

【运行结果】

```
>> vpa(j3)
  ans =
  0.81859461412036382655604167669963
>> vpa(j2)

  ans =

  0.62465526000515510262578388453968
>> vpa(j1)
```

```
ans =

0.34134474606854298410061975991156
```
如图 11 所示.

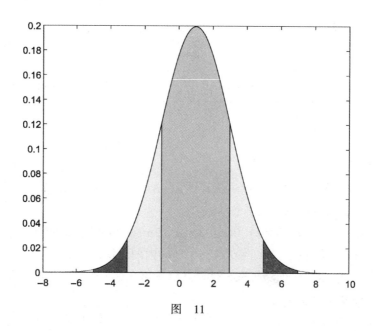

图 11

实验3

画正态分布的概率密度函数曲线,产生 $m=10000$ 个相应的随机数,画出直方图和带正态密度曲线的直方图. 将随机数的频率曲线与概率密度函数曲线画在一起进行比对.

【MATLAB 程序】

MATLAB 命令存于 ex53.m 内,现给出算法程序,仅供参考:

1. 定义相关变量,产生 m=10000 个随机数
2. 画直方图
3. sort 函数排序,画正态分布随机数的曲线图
4. 求正态分布密度函数
5. 产生 10000 个正态分布的随机数
6. 以 a 为横轴,求出 10000 个正态分布的随机数的频率
7. 画密度函数图和频率图

【运行结果】如图 12 所示.

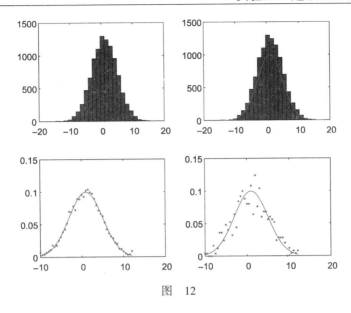

图 12

5.5 课后练习

1. 已知 $X \sim N(2,5)$，试求 $P\{-1 \leq X \leq 3.2\}$，并且画出对应的区间分布图.

2. 设某型号汽车的无障碍公里数服从参数为 $\mu = 1000$ 的指数分布. 试求：

1) 100km 内不出现故障的概率；

2) 在 500～1500km 之内无故障的概率.

3. 设随机变量 X 在区间 $[2,5]$ 内服从均匀分布，现对 X 进行三次独立观测，试求至少有两次观测值大于 3 的概率.

4. 设 $X \sim N(0,1)$，

1) 求 $Y = e^X$ 的概率密度；

2) 求 $Y = 2X^2 + 1$ 的概率密度.

5. 设在一电路中，电阻两端的电压（V）服从 $N(120, 2^2)$，今独立测量了 5 次，试确定有两次测定值落在区间 $[118, 122]$ 之外的概率.

实验六 描述性统计分析

6.1 实验目的

随机变量的概率分布函数可以完整地描述随机变量变化规律,但是在实际问题中,想要精确得到一个随机变量的分布很难.在许多情况下,我们并不需要获得随机变量的概率分布,只需要该随机变量的一些重要特征,如考试成绩的平均值,抽样测量数据的误差方差等,很多重要分布的参数都与其数字特征密切相关,随机变量的数字特征在概率统计中占有一定的地位.

实验数据的数字特征刻画了数据的主要特征,而要对数据的总体情况进行全面的描述,就要研究实验数据的分布,对实验数据的主要描述方法包括频数或频率分布表、直方图、经验分布函数、茎叶图、箱线图等.

6.2 相关知识

1. 常见的样本数字特征

设 n 个样本为

$$X_1, X_2, \cdots, X_n,$$

观测值为

$$x_1, x_2, \cdots, x_n,$$

其中 n 称为样本容量.

(1) 样本均值

样本的算术平均值称为样本均值:

$$\overline{X} = \frac{1}{n}(X_1 + X_2 + \cdots + X_n) = \frac{1}{n}\sum_{i=1}^{n} X_i$$

观察值为:

$$\overline{x} = \frac{1}{n}(x_1 + x_2 + \cdots + x_n) = \frac{1}{n}\sum_{i=1}^{n} x_i$$

样本均值是描述样本数据的平均状态或集中位置的量,是位置的度量参数.

(2) 样本方差和均方差

称

$$S^2 = \frac{1}{n-1}\sum_{i=1}^{n}(X_i - \overline{X})^2$$

为样本方差.称 $S = \sqrt{S^2}$ 为样本标准差(均方差).

(3) 二阶中心距

称

$$S_n^2 = \frac{1}{n}\sum_{i=1}^{n}(X_i - \bar{X})^2$$

为二阶中心矩.

方差、均方差、二阶中心矩均是用来刻画数据的变异的度量值,是尺度参数.

(4) 样本矩

称

$$v_k = \frac{1}{n}\sum_{i=1}^{n}x_i^k$$

为样本原点矩;称

$$u_k = \frac{1}{n}\sum_{i=1}^{n}(x_i - \bar{x})^k$$

为样本中心矩.

可以看出,样本方差与二阶中心矩的区别之处.

2. 描述形态的样本特征值

(1) 偏度

偏度是刻画数据对称性的指标,其计算公式为:

$$g_1 = \frac{n}{(n-1)(n-2)s^2}\sum_{i=1}^{n}(x_i - \bar{x})^3 = \frac{n^2 u_3}{(n-1)(n-2)s^3}$$

(2) 峰度

峰度计算公式为:

$$g_2 = \frac{n(n+1)}{(n-1)(n-2)(n-3)s^4}\sum_{i=1}^{n}(x_i - \bar{x})^4 - 3\frac{(n-1)^2}{(n-2)(n-3)}$$

$$= \frac{n(n+1)u_4}{(n-1)(n-2)(n-3)s^4} - 3\frac{(n-1)^2}{(n-2)(n-3)}$$

根据统计学的结果,样本的数字特征是相应的总体数字特征的矩估计.

3. 样本的统计作图

(1) 直方图

一般总体 X 的分布密度不容易求得,由于样本 $X_1, X_2, \cdots, X_n$ 是与总体 X 具有相同分布且相互独立的随机变量,因此可以用样本观测值作出频率直方图作为总体密度曲线的近似.

而在样本容量 n 充分大时,随机变量 X 落在各个子区间内的频率近似等于其概率,因此,频率直方图是对未知总体 X 的概率分布最简单最直观的近似.

类似的统计图还包括盒状图、茎叶图、饼状图等.

(2)分布图

可用来显示一个或多个分布,如概率分布图和累计分布图等.

6.3 MATLAB 常用命令

函 数 名	调用格式	注 释
算术平均值	mean(X)	X 为向量,返回 X 中各元素的算术平均值.
算术平均值	mean(X, Dim)	X 为矩阵,Dim =1 表示求解第 Dim 列的数值均值;Dim =2 表示求解第 Dim 行的数值均值,Dim =3,表示 Y = X.
几何均值	geomean(X)	X 为样本数据向量.
中位数	median(X)	X 为样本数据向量.
众数	mode(X)	X 为样本数据向量.
均匀分布(连续)	[M, V] = unifstat(a, b)	均匀分布(连续)的期望和方差,M 为期望,V 为方差.
均匀分布(离散)	[M, V] = unidstat(n)	均匀分布(离散)的期望和方差.
指数分布	[M, V] = expstat(p, Lambda)	指数分布的期望和方差.
正态分布	[M, V] = normstat(mu, sigma)	正态分布的期望和方差.
卡方分布	[M, V] = chi2stat(x, n)	卡方分布的期望和方差.
T 分布	[M, V] = tstat(n)	T 分布的期望和方差.
F 分布	[M, V] = fstat(n1, n2)	F 分布的期望和方差.
无偏估计方差	D = var(X)	若 X 为向量,则返回向量(矩阵)X 的无偏估计的方差,即 $D = \frac{1}{n-1}\sum_{i=1}^{n}(x_i - \bar{x})^2$. 若 A 为矩阵,则 D 为 A 的列向量的样本方差构成的行向量.
有效估计方差	D = var(X, 1)	返回向量(矩阵)X 的有效估计的方差,即 $S^2 = \frac{1}{n}\sum_{i=1}^{n}(x_i - \bar{x})^2$.
权值 w 的方差	D = var(X, w)	返回 X 以 w 为权的方差.
无偏估计标准差	std(X)	返回向量(矩阵)X 的无偏估计的标准差.
有效估计标准差	std(X, 1)	返回向量(矩阵)X 的有效估计的标准差.
协方差	cov(X)	求向量 X 的协方差.

(续)

函 数 名	调用格式	注 释
协方差	cov(X, Y)	求列向量 X，Y 的协方差矩阵，X，Y 等长列向量.
偏度系数	skewness(X)	X 为样本数据向量.
峰度系数	kurtosis(X)	X 为样本数据向量.
相关系数	corrcoef(X, Y)	返回列向量 X，Y 的相关系数矩阵.

统计图的绘制：

函 数 名	调用格式	注 释
直方图	hist(s, k)	k 表示将以数组 s 的最值为端点的区间等分为 k 份.
盒状图	boxplot(X, notch,'sym', vert)	X 为分析的样本，notch = 1，得到有凹口的盒状图，notch = 0，得到一个矩形盒状图，vert = 1，得到水平盒状图，vert = 0，得到竖直盒状图.
饼状图	pie(X)	X 是要分析的样本.
累计分布图	cdfplot(X)	X 是要分析的样本，如不想假设样本服从某一具体分布，可利用该函数绘制累积分布图.

6.4 实验内容

实验 1

下面的数据是某大型电信公司随机选择的 25 个软件工程师升迁所用的时间（单位：月）：

5　7　229　453　12　14　18　14　14　483　22　21
25　23　24　34　37　34　49　64　47　67　69　192　125

计算其描述均值的量，描述离散程度的量以及偏度、峰度系数等.

【求解过程】

```
X =[5 7 229 453 12 14 18 14 14 483 22 21 25 23 24 34 37 34 49 64 47 67 69 192 125];
length(X)
X1 =[mean(X) geomean(X) harmmean(X)];
X2 = median(X);
X3 = mode(X);
X4 = range(X);
X5 = var(X);
X6 = std(X);
```

```
X7 = skewness(X);
X8 = kurtosis(X);
fprintf('----------------------------------------------\n')
fprintf('样本均值:\t%3f \n',X1(1))
fprintf('几何均值:\t%3f \n',X1(2))
fprintf('调和均值:\t%3f \n',X1(3))
fprintf('中位数:\t%3f \n',X2)
fprintf('样本众数:\t%3f \n',X3)
fprintf('样本极差:\t%3f \n',X4)
fprintf('样本方差:\t%3f \n',X5)
fprintf('样本标准差:\t%3f \n',X6)
fprintf('偏度系数:\t%3f \n',X7)
fprintf('峰度系数:\t%3f \n',X8)
fprintf('----------------------------------------------\n')
```

【运行结果】

```
------------------------------------------
样本均值:      83.280000
几何均值:      38.604955
调和均值:      22.549302
中位数:        34.000000
样本众数:      14.000000
样本极差:      478.000000
样本方差:      16477.543333
样本标准差:    128.364884
偏度系数:      2.307232
峰度系数:      7.205962
------------------------------------------
```

实验2

对学生的16科成绩进行统计分析（数据在附件 – shuju5_2）

1) 画出16科成绩的平均分折线点图，以及16科平均成绩的最小值、最大值、平均值直线；（见图13a）

2) 画出16科成绩的标准差折线点图，以及16科标准差的平均值直线；（见图13b）

3) 画出16科成绩的样本偏度折线点图，以及16科样本偏度的平均值直线；（见图13c）

4) 分别求出16科成绩的样本偏度正的最大，负的最大，绝对值最小的三门课，画出估计出的正态分布密度函数曲线和样本频率点图；（见图13d, e, f）

5) 分别求出16科成绩的样本相关系数正的最大，负的最大，绝对值最小的三对课程，画出每对课程的原始成绩散点图．（见图13g, h, i）

【MATLAB 程序】

```
A = xlsread('shuju5_2.xlsx');
x = [1:16]; z = [1 16];
y1 = mean(A); ae = mean(y1); aa = max(y1); ai = min(y1);
L1 = [ae ae]; L2 = [aa aa]; L3 = [ai ai];
subplot(3,3,1); plot(x,y1,x,y1,'r.',z,L1,'m-',z,L2,'g-',z,L3,'g-');

y2 = std(A);
ae = mean(y2);
L = [ae,ae];
subplot(3,3,2); plot(x,y2,x,y2,'r.',z,L,'m-');

y3 = skewness(A);
ae = mean(y3);
L = [ae ae];
subplot(3,3,3); plot(x,y3,x,y3,'r.',z,L,'m-');

[m,n] = size(A);
u = 50:5:100;
[c1,i1] = max(y3);
mu1 = y1(i1); sigma1 = y2(i1);
t1 = 0:0.1:150; z1 = normpdf(t1,mu1,sigma1);
u1 = A(:,i1); b1 = hist(u1,u)/m/5;
subplot(3,3,4); plot(t1,z1,'b-',u,b1,'r.');

[c2,i2] = min(y3);
mu2 = y1(i2); sigma2 = y2(i2);
t2 = 50:0.2:120; z2 = normpdf(t2,mu2,sigma2);
u2 = A(:,i2); b2 = hist(u2,u)/m/5;
subplot(3,3,5); plot(t2,z2,'b-',u,b2,'r.');

s = y3.*y3;
[c3,i3] = min(s);
mu3 = y1(i3); sigma3 = y2(i3);
t3 = 50:0.2:120; z3 = normpdf(t2,mu3,sigma3);
u3 = A(:,i3); b3 = hist(u3,u)/m/5;
subplot(3,3,6); plot(t3,z3,'b-',u,b3,'r.');

relation = corrcoef(A);
relation = relation - eye(16);
[max1,locat1] = max(relation);
[max2,locat2] = max(max1);
column1 = locat1(locat2);
```

```
column2 = locat2;
[min1,locat3] = min(relation);
[min2,locat4] = min(min1);
column3 = locat3(locat4);
column4 = locat4;
relation = relation.*relation;
[mmin,locat5] = min(relation);
[mmin1,locat6] = min(mmin);
column5 = locat6;
column6 = locat5(6);
vector5 = A(:,column5);
vector6 = A(:,column6);
subplot(3,3,7);
vector1 = A(:,column1);
vector2 = A(:,column2);
scatter(vector1,vector2,10,'filled');
vector3 = A(:,column3);
vector4 = A(:,column4);
subplot(3,3,8);
scatter(vector3,vector4,10,'filled');
subplot(3,3,9);
scatter(vector5,vector6,10,'filled')
```

【运行结果】见图 13.

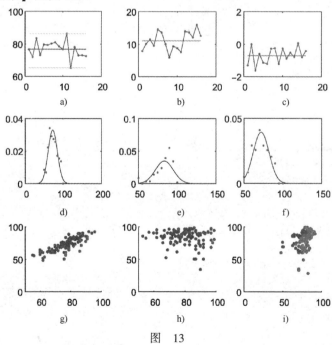

图 13

实验六　描述性统计分析

[实验3]

1. 设 $X_1,\cdots,X_{10}$ 是总体 $X \sim N(0,3^2)$ 的样本，$\overline{X},S^2$ 分别是样本均值与样本方差；

2. 画出总体的密度函数曲线，画出样本均值的密度函数曲线；（见图14a）

3. 画出 $\dfrac{(n-1)S^2}{\sigma^2}$ 和样本方差 S^2 的密度函数曲线；（见图14b）

4. 进行 10000 次抽样，每次抽取 10 个样本，计算 10000 次抽样的样本均值，画出样本均值 $\bar{x}$ 的密度函数曲线和样本均值 $\bar{x}$ 的实际样本值的频率点图；（见图14c）

5. 计算 10000 次抽样的样本方差 S^2，画出样本方差 S^2 的密度函数曲线和样本方差 S^2 的实际样本值的频率点图；（见图14d）

6. 画出统计量 $U=\dfrac{\overline{X}-\mu}{\dfrac{\sigma}{\sqrt{n}}}$ 的密度函数曲线和实际样本值的频率点图；（见图14e）

7. 画出统计量 $T=\dfrac{\overline{X}-\mu}{\dfrac{S}{\sqrt{n}}}$ 的密度函数曲线和实际样本值的频率点图.（见图14f）

【MATLAB 程序】

```
x=-15:0.1:15;mu=0;sigma=4;
y=normpdf(x,mu,sigma);
subplot(3,2,1);plot(x,y,'b-');
hold on;
x=-15:0.1:15;mu=0;sigma=4/sqrt(10);
y=normpdf(x,mu,sigma);
plot(x,y,'m-');
hold off;
x=0:0.1:50;
n=9;y=chi2pdf(x,n);
subplot(3,2,2);plot(x,y,'b-');
hold on;
x=0:0.1:50;
n=9;y=chi2pdf(x,2*n);plot(x,y,'m-');
hold off;
x=-5:0.01:5;mu=0;sigma=4/sqrt(10);
y=normpdf(x,mu,sigma);
rn=10000;z=normrnd(mu,sigma,1,rn);
d=0.5;a=-5:d:5;
b=(hist(z,a)/rn)/d;
```

```
subplot(3,2,3);plot(x,y,'b-',a,b,'r.');
hold on;
subplot(3,2,4);
x=0:0.01:50;
n=18;y=chi2pdf(x,n);
rn=10000;z=chi2rnd(n,1,rn);
d=3;a=0:d:50;
b=(hist(z,a)/rn)/d;
plot(x,y,'b-',a,b,'r.');
x=-5:0.1:5;mu=0;sigma=1;
y=normpdf(x,mu,sigma);
rn=10000;z=normrnd(mu,sigma,1,rn);
d=0.5;a=-5:d:5;
b=(hist(z,a)/rn)/d;
subplot(3,2,5);plot(x,y,'b-',a,b,'r.');
x=-5:0.1:5;
n=9;y=tpdf(x,n);
rn=10000;z=trnd(n,1,rn);
d=0.5;a=-5:d:5;
b=(hist(z,a)/rn)/d;
subplot(3,2,6);plot(x,y,'b-',a,b,'r.');
```

【运行结果】见图 14.

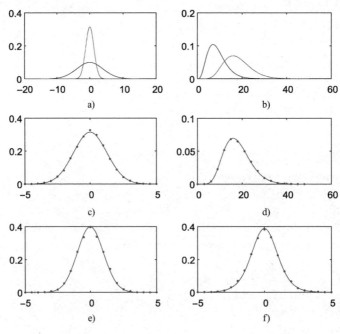

图 14

实验六 描述性统计分析

实验4

某班（共120名同学）的英语成绩如下（满分100）：

74 63 78 76 89 56 70 97 89 94 76 88 65 83 72 41 39 72 73 68 14 76 45 70 90 46 54 61 75 76 49 57 78 66 64 74 78 87 86 73 47 67 21 66 79 67 68 65 56 84 66 73 68 72 76 65 70 94 53 65 77 78 53 74 59 50 98 67 89 78 63 92 54 87 84 80 63 64 85 66 69 69 60 54 75 33 30 62 74 65 84 73 55 85 75 76 81 71 83 72 56 84 76 75 67 65 35 94 59 47 45 67 75 36 78 82 94 70 84 75

对上述数据进行统计图分析.

【MATLAB命令】

```
load grade.txt% 读入数据
subplot(221)
hist(grade,10)
title('直方图--10组')
subplot(222)
hist(grade,20)
title('直方图--20组')
subplot(223)
boxplot(grade)
title('盒状图')
subplot(224)
cdfplot(grade)
title('分布图')
```

【运行结果】 见图15.

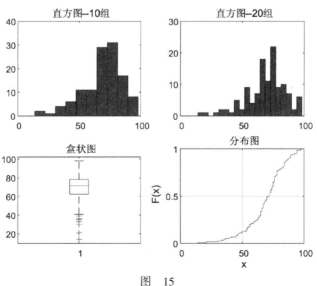

图 15

6.5 课后练习

1. 利用 MATLAB 中的伪随机序列产生函数 randn( ) 产生多段 1000 点的序列，编制一个程序，计算随机信号的数字特征，包括均值、方差、均方值、最后把计算结果平均，并绘制数字特征图形．

2. 生成泊松分布 $P(2)$ 的 1000 个随机样本，并求样本的统计密度函数和分布函数；将所得统计函数与密度函数命令 Poisspdf(X，2) 及累积分布函数命令 Poisscdf(X，2) 得到的结果图形比较．

3. 设随机变量 X 的密度函数为 $f(x)=2\cos(x)$，$|x|<\pi/2$，试求 $E(X)$，$D(X)$．

4. 设总体 $X \sim N(\mu,\sigma^2)$，$X_1,X_2,\cdots,X_{10}$ 是来自 X 的样本；

（1）写出 $X_1,X_2,\cdots,X_{10}$．

（2）写出 $\overline{X}$ 的概率密度．

实验七 蒙特卡罗模拟

7.1 实验目的

1）了解蒙特卡罗模拟方法的原理
2）学会利用 MATLAB 进行简单例题的模拟实验
3）掌握 MATLAB 常用产生随机数及画图命令

7.2 相关知识

蒙特卡罗模拟是一种计算方法．原理是通过大量随机样本，去了解一个系统，进而得到所要计算的值．它非常强大和灵活，又相当简单易懂，很容易实现．对于许多问题来说，它往往是最简单的计算方法，有时甚至是唯一可行的方法．

通常蒙特卡罗模拟通过构造符合一定规则的随机数来解决数学上的各种问题．对于那些计算过于复杂而难以得到解析解或者根本没有解析解的问题，蒙特卡罗模拟是一种有效的求出数值解的方法．

当所要求解的问题是某种事件出现的概率，或者是某个随机变量的期望值时，它们可以通过某种"试验"的方法，得到这种事件出现的频率，或者这个随机变量的平均值，并用它们作为问题的解．这就是蒙特卡罗模拟的基本思想．蒙特卡罗模拟通过抓住事物运动的几何数量和几何特征，利用数学方法来加以模拟，即进行一种数字模拟试验．它以一个概率模型为基础，按照这个模型所描绘的过程，通过模拟实验的结果，作为问题的近似解．可以把蒙特卡罗模拟归结为三个主要步骤：构造或描述概率过程，实现从已知概率分布抽样，建立各种估计量．

7.3 实验内容

实验1

用蒙特卡罗模拟计算圆周率 π．

解 正方形内部有一个相切的圆，它们的面积之比是 $\pi/4$．现在，在这个正方形内部，随机产生 10000 个点（即 10000 个坐标对 (x, y)），计算它们与中心点的距离，从而判断是否落在圆的内部．如果这些点均匀分布，那么圆内的点应该占到所有点的 $\pi/4$，因此将这个比值乘以 4，就是 π 的值．利用 MATLAB 编辑窗口保存程序，保存为 ex71.m．

现给出算法，以供参考．

1. 画图确定正方形和内切圆的位置;
2. 设置随机点个数 n;
3. 产生 n 个随机坐标对（位置限定在正方形内）;
4. 调用 for 循环：for i=1: n
   a) if 语句判断随机点是否落在圆内;
   b) 如是，则将点标记为红色，m1+1;
   c) 如否，则将点标记为蓝色，m2+1;
5. 跳出循环，计算 m1/(m1+m2) 数值，即为π模拟值

通过调节 n 的大小，可得到不同条件下π的模拟值，图 16 及图 17 分别为在 $n=1000$ 和 $n=10000$ 情况下π的模拟值：

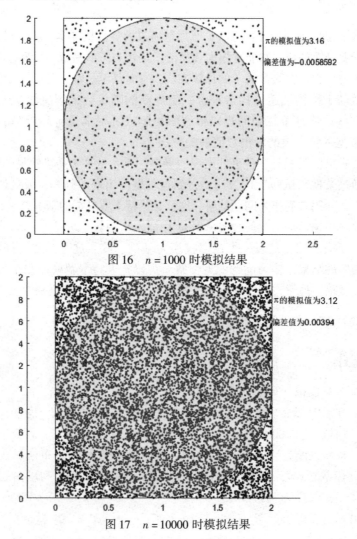

图 16　$n=1000$ 时模拟结果

图 17　$n=10000$ 时模拟结果

[实验2]

在长度为 2 的线段 AD 上任取两个点 B、C，在 B、C 处折断此线段而得三折线，求此三折线能构成三角形的概率.

【求解过程】

设线段 AB 长度为 x，BC 长度为 y，则 CD 长度为 $2-x-y$. 此题则可转化为几何概型问题．（图 18）

$$D = \{(x,y) | 0 < x < 2, 0 < y < 2, 0 < 2-x-y < 2\}$$

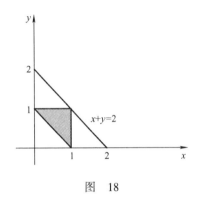

图 18

再由三折线可构成三角形，则两边之和大于第三边，即 $A = \{(x,y) | x+y > 2-x-y, 2-x > x, 2-y > y\}$. 对于连续型均匀分布，概率等于面积之比，故经计算得 $P = 0.25$.

利用 MATLAB 编辑窗口保存程序，保存为 ex72.m.

现给出算法，以供参考.

---

1. 给定随机数个数 n；
2. 产生 n 个随机坐标对；
3. for 循环：for i=1:n
   a) if 语句判断随机点是否落在内部三角形内；
   b) 如是，则将点标记为红色，m1+1；
   c) 如否，则将点标记为蓝色，m2+1；
4. 跳出循环，计算 m1/(m1+m2).

通过调节 n 的大小，可得到不同条件下构成三角形的概率，图 19 和图 20 分别为在 n=1000 和 n=10000 情况下构成三角形的概率：

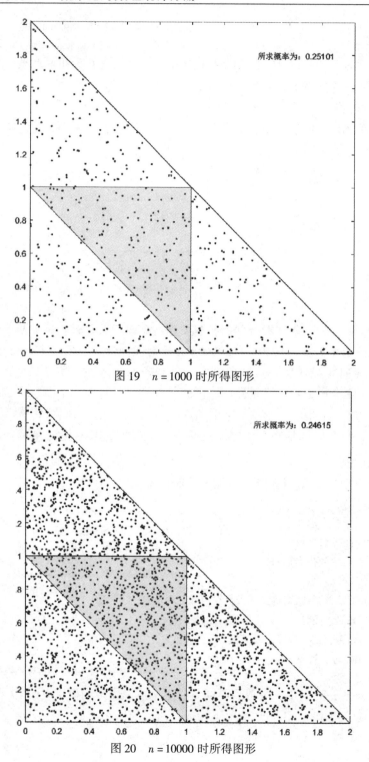

图19　$n=1000$ 时所得图形

图20　$n=10000$ 时所得图形

【实验3】

计算积分值

如计算函数 $y = x^2$ 在 [0, 1] 区间的积分,就是求出图20中下半部分的面积.

解 利用 MATLAB 编辑窗口保存程序,保存为 ex73.m.

---

1. 给定随机数个数 n;
2. 产生 n 个随机均匀分布坐标对;
3. for 循环:for i = 1:n
    f) if 语句判断随机点是否落在下半区域内;
    g) 如是,则将点标记为红色,m1 +1;
    h) 如否,则将点标记为蓝色,m2 +1;
4. 跳出循环,计算 m1/(m1 + m2).

通过调节 n 的大小,可得到不同条件下积分的模拟值,图21及图22分别为在 n = 1000 和 n = 10000 情况下 $y = x^2$ 的积分的模拟值.

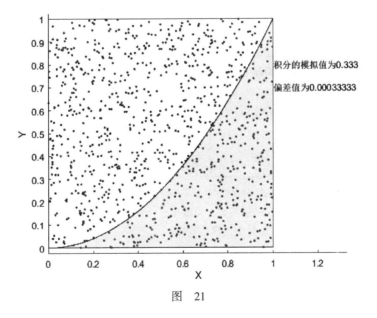

图 21

【实验4】

射击问题

有三位射击手向同一目标射击,设三位射击手击中目标的概率分别为 0.3,0.6,0.8. 若有一人射中目标,目标被摧毁的概率为 0.2;若两人射中目标,目

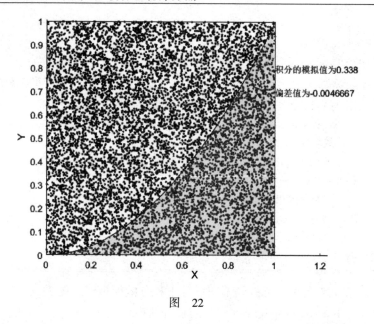

图 22

标被摧毁的概率为0.6；若三人射中目标，则目标被摧毁的概率为0.9．试求目标被摧毁的概率．

解 此题可用全概率公式求解，最终结果为0.4768，求解步骤读者可自行给出．现给出蒙特卡罗模拟法（即以频率估计概率）．

设A、B、C分别代表三位射击手，$A(i)$ 表示射击手A第i次射击结果，$A(i)=1$即表示射中，故A满足概率为0.3的（0-1）分布，B、C同理．

利用 MATLAB 编辑窗口保存程序，保存为 ex75.m．

现给出算法流程，仅供参考：

1. 画面构图，上方显示各组射击结果，下方显示前 k 次试验频率值变化折线图；
2. 产生 3 组满足题设要求的随机数，每组含 n 个数值；（调用 binornd 命令）
   1 表示射击命中，0 表示射击失误；
3. for 循环：i=1:n
   a) if 语句判断第 i 组试验三次射击的结果；
      如三次射击全中，标记为蓝色，Z0 +0.9；
      如三次射击中命中两次，标记为红色，Z0 +0.6；
      如三次射击中仅命中一次，标记为绿色，Z0 +0.2；
      如三次均未命中，无命令
   b) 跳出 if 语句，计算当前频率值，并作图
4. 跳出循环，计算 Z/n．（Z 表示前 n 次频率加总）

结果图 23，程序存在改进空间，读者可自行改进，以提高效率．图 23 为 100 次重复试验的结果：

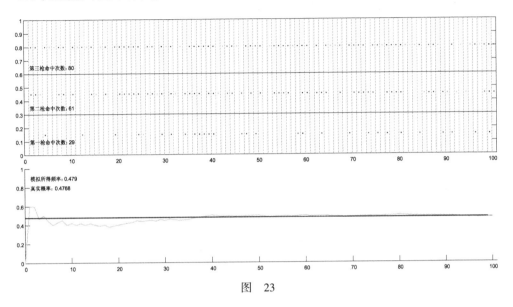

图 23

7.4 课后练习

1. 利用 MATLAB 蒙特卡罗模拟方法，求连续投掷两颗骰子，点数之和大于 6 且第一次掷出的点数大于第二次掷出点数的概率．

2. A、B 两人相约明日一起去博物馆参观，并约定在公交站集合，已知两人到公交站的时间服从 9 点到 10 点的均匀分布，且两人约定先到的一方等晚到的一方 1h，如果 1h 还没有来就先走．用蒙特卡罗模拟求 A、B 坐到同一辆公交的概率．

3. 一个口袋装有 8 个球，其中白球 3 个，红球 5 个．从袋中取出 3 个球，每次随机取一个．观察其颜色后放回袋中，搅匀后再取一个球．用蒙特卡罗模拟求

1）第三次才摸到是红球的概率；

2）取到的三个球中至少有一个是白球的概率．

4. 自行查找蒲丰投针问题，用蒙特卡罗模拟蒲丰投针法计算 π 值．

实验八 参 数 估 计

8.1 实验目的

在实际问题中,常常知道总体 X 的分布类型,但是不知道其中的某些参数. 在另外一些问题中,人们甚至对总体的分布类型都不关心,感兴趣的只是它的某些特征参数,这时就要求用总体的一个样本来估计总体的未知参数,这就是参数估计问题. 本章将给出参数估计问题的原理解释及 MATLAB 常用命令,并通过实例来具体解释其用法.

8.2 相关知识

参数估计问题分为点估计和区间估计两种.

1. 点估计

点估计是用某一函数值作为总体未知参数的估计,具体又可分为矩估计和极大似然估计.

(1) 矩估计

矩估计法是以样本矩作为总体矩的估计,具体做法是:设总体 X 具有 k 阶矩,以 α_l 记其 l 阶原点矩,即

$$\alpha_l(\theta_1,\theta_2,\cdots,\theta_k) = E(X^k)$$

若样本的 l 阶原点矩为

$$A_l = \frac{1}{n}\sum_{i=1}^n X_i^l$$

当有 k 个未知参数时用前 k 阶原点矩得到方程

$$\alpha_l(\theta_1,\theta_2,\cdots,\theta_k) = A_l$$

从这 k 个方程解得 k 个未知数 $\widehat{\theta_1}$, $\widehat{\theta_2}$, $\cdots$, $\widehat{\theta_k}$, 称为距估计量.

(2) 极大似然估计

设总体 X 服从分布 $p(x;\theta_1,\theta_2,\cdots,\theta_k)$ (当 X 为连续型随机变量时,为概率密度,当 X 为离散型随机变量时,为分布律), $\theta_1,\theta_2,\cdots,\theta_k$ 为未知参数, X_1, $X_2,\cdots,X_n$ 为总体 X 的一个简单随机样本,其观察值为 $x_1,x_2,\cdots,x_n$, 则

$$L(\theta_1,\theta_2,\cdots,\theta_k) = L(x_1,x_2,\cdots,x_n;\theta_1,\theta_2,\cdots,\theta_k)$$
$$= \prod_{i=1}^n p(x_i;\theta_1,\theta_2,\cdots,\theta_k)$$

看作参数 $\theta_1, \theta_2, \cdots, \theta_k$ 的函数时称为似然函数. 当选取 $\hat{\theta} = (\hat{\theta_1}, \hat{\theta_2}, \cdots, \hat{\theta_k})$ 作为 $\theta = (\theta_1, \theta_2, \cdots, \theta_k)$ 的估计时，使得

$$L(\hat{\theta}) = \max_{\theta \in \Theta} L(\theta)$$

则称 $\hat{\theta}$ 为 θ 的极大似然估计.

2. 区间估计

设总体 X 的分布函数簇为 $\{F(x;\theta), \theta \in \Theta\}$. 对于给定值 $\alpha (0 < \alpha < 1)$，如果有两个统计量 $\hat{\theta_1} = \hat{\theta_1}(X_1, X_2, \cdots, X_n)$ 和 $\hat{\theta_2} = \hat{\theta_2}(X_1, X_2, \cdots, X_n)$，使得

$$P\{\hat{\theta_1} < \theta < \hat{\theta_2}\} = 1 - \alpha$$

对一切 $\theta \in \Theta$ 成立，则称随机区间 $(\hat{\theta_1}, \hat{\theta_2})$ 是参数为 θ 的置信度为 $1 - \alpha$ 的置信区间，$\hat{\theta_1}$、$\hat{\theta_2}$ 分别称为置信下限和置信上限，总之，置信区间是随机区间 $(\hat{\theta_1}, \hat{\theta_2})$，将以概率 $1 - \alpha$ 覆盖参数 θ.

8.3 MATLAB 常用命令

函 数	功 能
[mu, sigma, muci, sigmaci] = normfit(x, alpha)	正态总体均值和标准差的极大似然估计 mu 和 sigma，x 是样本，alpha 为显著性水平，默认为 0.005
[mu, muci] = expfit(x, alpha)	指数分布的极大似然估计，x 是样本，alpha 为显著性水平，默认为 0.05
[a, b, aci, bci] = unifit(x, alpha)	均匀分布的极大似然估计，x 是样本，alpha 为显著性水平，默认为 0.05
[p, pci] = binofit(x, n, alpha)	二项分布的极大似然估计，x 是样本，alpha 为显著性水平，默认为 0.05
[lamda, lamdaci] = poissfit(x, alpha)	泊松分布的极大似然估计，x 是样本，alpha 为显著性水平，默认为 0.05

8.4 实验内容

实验1

下面给出的数据为对一个正态分布总体的重复观测样本数据，试利用 normfit 计算总体均值和总体方差的 0.99 置信区间.

10.0001　9.3643　12.1900　6.2520　10.8564　11.7913　11.4619
11.1557　10.0806　11.3542　11.1378　9.4887　9.2451　9.4082　7.0497
9.5320　10.2369　10.6296　12.8870　9.2981　11.2465　11.5981　11.8818
8.0158

【求解过程】

在命令行窗口输入样本向量 X，调用命令

[mu,sigma,muci,sigmaci] = normfit(x,0.01);

【运行结果】

mu =

    10.2567

sigma =

    1.6042

muci =

    9.3375

    11.1760

sigmaci =

    1.1574

    2.5281

结果得到二维向量 muci =（9.3375，11.1760）和 sigmaci =（1.1574，2.5281），及 μ 的 0.99 置信区间为（9.3375，11.1760），σ 的 0.99 置信区间为（1.1574，2.5281）.

【实验2】

假设 $X \sim N(10, 4)$，模拟产生 X 的 100 组容量为 24 的重复观测样本数据，对于每一组样本数据利用 normfit 计算总体均值的 0.95 置信区间，要考查在得到的 100 个置信区间中有多少个区间包含 10，请写出完成上述任务的 MATLAB 代码，并给出该函数的一次运算结果．

【参考代码】

```
function n = ex64()
n = 0;
for i = 1:100
    x = normrnd(10,2,24,1);
    [m,s,sci] = normfit(x);
    if sci(1) <10&&sci(2) >10
        n = n +1;
    end
end
```

【运行结果】

该函数的一次运行结果为 $n = 95$，说明在模拟的 100 组样本中，有 95 组样本数据计算出的置信区间包含了总体均值 10.

实验3

引力常量的测定值 $X \sim N(\mu, \sigma^2)$，今分别使用金球和铂球进行实验测定.
（1）用金球测定，观测值为：6.683，6.681，6.676，6.679，6.672；
（2）用铂球测定，观测值为：6.661，6.661，6.667，6.667，6.664.
试针对两种情况分别对引力常量测定值的均值和标准差进行估计（置信水平为0.9）.

【MATLAB 命令】
```
clear
x=[6.683,6.681,6.676,6.679,6.672];
y=[6.661,6.661,6.667,6.667,6.664];
[phat,pci]=mle(x,'alpha',0.1)
[PHAT,PCI]=mle(y,'alpha',0.1)
```

【运行结果】
```
phat =
    6.6782    0.0039
pci =
    6.6741    0.0028
    6.6823    0.0103
PHAT =
    6.6640    0.0027
PCI =
    6.6611    0.0019
    6.6669    0.0071
```

结果表明，金球测定的均值估计值为 6.6782，置信区间为（6.6750，6.6813）；标准差的估计值为 0.0035，置信区间为（0.0026，0.0081）. 同理可得铂球的估计值.

8.5 课后练习

1. 随机地取8个活塞，测得其直径为：
74.001 74.005 74.003 74.001 74.000 73.998 74.006 74.002
试求总体均值和方差的矩估计值.

2. 假定某工厂生产某瓶装饮料的体积服从正态分布，抽取10瓶，测得体积（mL）为：
　　　　595 602 610 585 618 615 605 620 600 606
求均值、标准差的极大似然估计值及置信水平为0.9的置信区间.

实验九 假 设 检 验

9.1 实验目的

1）了解假设检验基本方法
2）学会利用 MATLAB 进行处理
3）掌握 MATLAB 常用命令

9.2 相关知识

统计问题的一个主要内容就是通过样本推断总体的某些性质，之前讨论过的参数估计问题就是其中的一类问题．但实际问题中还存在大量的另一类的统计推断问题．举例说明，要检查某人是否患有某种疾病，通常的做法是从其体内抽取一管血样，根据实验结果推断其是否患病．这一类问题通常要的是两个结论之一，如"是"或"否"等．这就是所谓的参数的假设检验问题．又如研究中国人口的年龄分布，测量了一些数据，希望从这些数据推断年龄是否为正态分布．问题要求的结果是"是正态"或"不是正态"，这就是所谓的非参数假设检验问题．

假设检验的基本思路是检验所作出的假设 H_0 是否正确．在假定 H_0 正确的情况下，利用样本的统计量构造一个小概率事件，根据样本观测值确定这个小概率事件是否会发生．如果一次抽样使得小概率事件发生了，则认为不合理的现象发生了，拒绝接受 H_0，否则接受 H_0．

常见的假设检验有以下几种情况：

（1）单个正态总体均值的假设检验

双侧检验 $H_0: \mu = \mu_0$，$H_1: \mu \neq \mu_0$；

单侧检验 $H_0: \mu \geq \mu_0$，$H_1: \mu < \mu_0$；

单侧检验 $H_0: \mu \leq \mu_0$，$H_1: \mu > \mu_0$．

（2）单个正态总体方差的假设检验

双侧检验 $H_0: \sigma^2 = \sigma_0^2$，$H_1: \sigma^2 \neq \sigma_0^2$；

单侧检验 $H_0: \sigma^2 \geq \sigma_0^2$，$H_1: \sigma^2 < \sigma_0^2$；

单侧检验 $H_0: \sigma^2 \leq \sigma_0^2$，$H_1: \sigma^2 > \sigma_0^2$．

对于两个正态总体的情况，假设两个总体的均值、方差相等或不相等关系情况与上类似．

9.3 MATLAB 常用命令

函　　数	功　　能
[h,sig,ci,zval] = ztest(x,mu0,sigma,alpha,tail)	对已知方差的单个总体均值进行 Z 检验
[h,sig,ci,stats] = ttest(x,mu0,alpha,tail)	对未知方差的单个总体均值进行 Z 检验
[h,p,ci,stats] = ttest2(x,y,alpha)	对未知方差的两个正态总体均值进行 T 检验
[h, p, ci, stats] = ttest2(x, var0, alpha)	均值未知时单个正态总体方差进行检验
[h,p,ci,stats] = vartest2(x,y,alpha)	两个正态总体均值未知时方差的比较检验

9.4 实验内容

现给出实例,再将其一般化进行讨论.

实验1

某工厂生产 10Ω 的电阻,根据以往生产的电阻的实际情况,可认为其电阻值服从正态分布,标准差 $\sigma = 0.1\Omega$. 现随机抽取 10 个电阻,测得它们的电阻值为:

9.9,10.1,10.2,9.7,9.9,9.9,10,10.5,10.1,10.2

试问从这 10 个实测值中能否认为该厂生产的电阻的平均值为 10Ω?

【求解过程】

给出显著性水平 $\alpha = 0.1$,

(1) 给出假设 $H_0: \mu = 10$,$H_1: \mu \neq 10$;

(2) 选择 U 统计量,当 H_0 成立时,$U = \dfrac{\bar{x} - 10}{0.1 / \sqrt{10}} \sim N(0, 1)$;

(3) 查标准正态分布表得 $z_{\frac{\alpha}{2}} = z_{0.05} = 1.645$,故拒绝域为

$$|\bar{x} - 10| > \frac{0.1}{\sqrt{10}} \times 1.645 = 0.052;$$

(4) 由样本值计算得 $\bar{x} - 10 = 10.05 - 10 = 0.05$,因为

$$|\bar{x} - 10| = 0.05 < 0.052,$$

所以接受原假设,即认为该厂生产的电阻的平均值为 10Ω(确切地说,根据观测到的样本值,没有发现该电阻的平均值与 10Ω 有显著差异).

Matlab 命令存于 ex81.m 内,现给出算法,仅供参考:

1. 输入样本矩阵、标准差、给定原假设均值、显著性水平等题设数据；
2. 调用 length、mean 命令，计算样本数及样本均值；
3. 计算 U 统计量及逆累计函数 Z
4. if 语句判断 U 统计量绝对值大小与 Z 大小关系
   a) 如 |U| < Z，接受原假设
   b) 如 |U| > Z，拒绝原假设
5. 跳出 if 语句，给出结果

得到运行结果如下：
假设检验——给定方差的正态分布的均值检验(U 检验法)

在显著性水平 α = 0.100000 下,接受原假设

故在给定显著性水平下，接受原假设.

【MATLAB 命令】

调用格式 [h,p,ci] = ztest(x,mu,sigma,alpha,tail)

其中，x 表示样本矩阵；mu 是原假设 H_0 中的 μ_0；sigma 是总体的标准差；alpha 是显著性水平；tail 是对备择假设的选择.

原假设 H_0: $\mu = \mu_0$

当 tail = 0 时，备择假设 H_1: $\mu \neq \mu_0$；

当 tail = -1 时，备择假设 H_1: $\mu > \mu_0$；

当 tail = 1 时，备择假设 H_1: $\mu < \mu_0$；

p 为当原假设为真时，样本均值出现的概率，p 越小 H_0 越值得怀疑；ci 是 μ_0 的置信区间；h 是对假设检验的判断结果：h = 0 表示"在显著性水平 alpha 下，接受 H_0"，h = 1 表示"在显著性水平 alpha 下，拒绝 H_0".

以此题为例，输入 MATLAB 命令如下，命令语句存于 ex91_2.m 内.

X = [9.9 10.1 10.2 9.7 9.9 9.9 10 10.5 10.1 10.2];% 样本值
sigma = 0.1;% 已知标准差
mu = 10;% 给定原假设均值
alpha = 0.1;% 给定显著性水平
[h,p,ci] = ztest(X,mu,sigma,alpha,0)

调用命令可得到以下结果：
h =
    0
p =
    0.1138
ci =
    9.9980   10.1020

由此可知，在显著性水平 alpha = 0.1 下，接受原假设．

实验2

由于工业排水引起水质的污染，测得水中鱼的蛋白质中汞的浓度为：

   0.037 0.266 0.135 0.095 0.101

   0.213 0.228 0.167 0.766 0.054

已知汞的浓度服从正态分布．

试问：通过测得的 10 个数据是否可以认为鱼的蛋白质中汞的浓度的均值为 0.1？（取显著性水平为 $\alpha = 0.1$）

【求解过程】

这是一个正态总体在方差未知的情况下关于均值的假设检验问题．已知，$\alpha = 0.1$，$n = 10$，查 T 分布表得 $t_{\frac{\alpha}{2}}(n-1) = t_{0.05}(9) = 1.833$，计算得 $\bar{x} = 0.2062$，$s_1^2 = \sum_{i=1}^{9} x_i^2 - n\bar{x}^2 = 0.39929$，$s_1 = \sqrt{s_1^2} = 0.63189$，$s = \dfrac{s_1}{\sqrt{9}}$．

因为 $|T| = \left|\dfrac{\bar{x} - \mu_0}{S/\sqrt{n}}\right| = \left|3 \times \sqrt{10} \times \dfrac{0.2062 - 0.1}{0.63189}\right| = 1.5944 < 1.833$，因此有理由认为可以接受原假设，即认为原假设成立：可以认为 10 个数据均值为 0.1.

MATLAB 命令存于 ex92.m 内，现给出算法程序，仅供参考：

---

1. 输入样本矩阵、给定原假设均值、显著性水平等题设数据；
2. 调用 length、mean 命令，计算样本数及样本均值；
3. 计算 T 统计量及逆累计函数值 Z
4. if 语句判断 T 统计量绝对值大小与 Z 大小关系
  a) 如果 |T| < Z，接受原假设
  b) 如果 |T| > Z，拒绝原假设
5. 跳出 if 语句，给出结果

得到运行结果如下：

假设检验——方差未知的正态分布的均值检验(T检验法)

在显著性水平 α = 0.100000 下,接受原假设

【MATLAB 命令】

总体方差未知时，均值检验采用 T 检验法，在 MATLAB 中，调用格式为：

[h,p,ci] = ttest(x,mu,alpha,tail)

符号含义与 ztest 函数相同．

以此题为例，输入MATLAB命令如下，命令语句存于ex92_2.m内．
X=[0.037 0.266 0.135 0.095 0.101 0.213 0.228 0.167 0.766 0.054];% 给定样本值
mu=0.1;% 给定原假设
alpha=0.1;% 给定显著性水平
[h,p,ci]=ttest(X,mu,alpha,0)
得到运行结果如下：
h =
　　0
p =
　　0.1453
ci =
　　0.0841　　0.3283
因 h=0，故认为在显著性水平 $\alpha=0.1$ 下，接受原假设 H_0．

实验3

某工厂用自动包装机包装糖果，规定每袋装500g．现随机抽取10袋，测得各袋糖果的质量（单位：g）为：
　　485，510，505，488，503，482，502，505，487，506
设每袋糖果服从正态分布 $N(\mu, \sigma^2)$．能否认为每袋糖果的标准差 $\sigma=5(g)$？（取 $\alpha=0.05$）

【求解过程】

已知这是正态总体均值未知情况下的关于方差的双边假设检验，给出假设：$H_0: \sigma^2=25$，$H_1: \sigma^2 \neq 25$；

利用 χ^2 检验法，选择统计量 $\chi^2 = \dfrac{(n-1)S^2}{\sigma_0^2} = \dfrac{9S^2}{25} \sim \chi^2(9)$（$H_0$成立时），

对 $\alpha=0.05$，查表得 $\chi^2_{1-\frac{\alpha}{2}}(n-1) = \chi^2_{0.99}(25) = 2.7004$，

$$\chi^2_{\frac{\alpha}{2}}(n-1) = \chi^2_{0.01}(25) = 19.0228，$$

经计算 $\chi^2 = \dfrac{9 \times 109.7889}{25} \approx 39.5240 > 19.0228$，所以拒绝 H_0，即可认为每袋糖果的标准差不等于 $5(g)$．

MATLAB命令存于ex93.m内，现给出算法程序，仅供参考：

1. 输入样本矩阵、给定样本方差、正态总体方差、显著性水平等题设数据；
2. 调用length命令，计算样本数；
3. 计算卡方统计量 χ^2 及逆累计函数值 Z1、Z2；

4. if 语句判断 χ^2 统计量绝对值大小与 Z1、Z2 大小关系
   a) 如 Z1 < χ^2 < Z2，接受原假设
   b) 否则拒绝原假设
5. 跳出 if 语句，给出结果

得到运行结果如下：
假设检验——均值未知的正态分布的方差检验（χ^2 检验法）

在显著性水平 $\alpha = 0.050000$ 下，拒绝原假设

实验 4

有一种新安眠药剂，其疗效说明显示在一定剂量下病人能比服用某种旧安眠剂平均增加 3h 睡眠时间．根据资料用旧安眠剂时平均睡眠时间为 20.8h，标准差为 1.8h，为了检验新安眠剂的这种说法是否正确，收集到一组使用新安眠剂的睡眠时间（单位：h）为：

$$26.7,\ 22.0,\ 24.1,\ 21.0,\ 27.2,\ 25.0,\ 23.4$$

试问这组数据能否说明新安眠剂已达到新的疗效？假设新旧安眠剂的睡眠时间都服从正态分布（取 $\alpha = 0.1$）．

【求解过程】

由题可知，服用旧安眠剂的睡眠时间服从 $X \sim N(20.8, 1.8^2)$，服用新安眠剂的睡眠时间 $Y \sim N(\mu, \sigma^2)$．给出假设：$H_0: \mu = \mu_0 = 20.8$，$H_1: \mu > 20.8$；

使用 T 检验法，确定检验统计量为：$T = \dfrac{\bar{y} - \mu_0}{S/\sqrt{n}}$，$H_0$ 为真时，$T \sim T(6)$，进而 H_0 的拒绝域：$T > T_\alpha(6) = T_{0.1}(6) = 1.4398$，从总体 Y 中取得的样本值经计算得：
$$\bar{y} = 24.2,\ s^2 = 5.27,$$

故有：$T = \dfrac{24.2 - 20.8}{\sqrt{5.27}/\sqrt{7}} \approx 3.9185 > 1.4398$，于是否定原假设 H_0，即可认为新安眠剂已达到新的疗效．

MATLAB 命令存于 ex93.m 内，现给出算法程序，仅供参考：

1. 输入样本矩阵、正态总体均值、标准差、显著性水平等题设数据；
2. 调用 length、mean 命令，计算样本数、样本均值；
3. 计算统计量 T 及逆累计函数值 Z；

4. if 语句判断 T 统计量大小与 Z 大小关系

5. 如 T>Z,拒绝原假设

6. 否则接受原假设

7. 跳出 if 语句,给出结果

得到运行结果如下：

假设检验——正态分布均值的单边检验(T 检验法)

在显著性水平 $\alpha=0.100000$ 下,拒绝原假设

实验 5

设对某门统考课程,两个学校的考生成绩分别服从正态分布

$$N(\mu_1, 12^2), N(\mu_2, 14^2)$$

现分别从两个学校随机地抽取 36 位考生的成绩,算得平均分为 72 分和 78 分. 试问：在显著性水平 $\alpha=0.05$ 下,两校考生的平均成绩是否有显著性差异？

【求解过程】

设 X,Y 分别表示两校学生的成绩,则 $X \sim N(\mu_1,12^2)$, $Y \sim N(\mu_2,14^2)$,检验问题为：$H_0: \mu_1=\mu_2$, $H_1: \mu_1 \neq \mu_2$.

对 $\alpha=0.05$,查表得 $z_{\frac{\alpha}{2}}=z_{0.025}=1.96$.

再由样本值算得：$|Z|=\left|\dfrac{\overline{X}-\overline{Y}}{\sqrt{\dfrac{\sigma_1^2}{n_1}+\dfrac{\sigma_2^2}{n_2}}}\right|=\dfrac{78-72}{\sqrt{\dfrac{12^2}{36}+\dfrac{14^2}{36}}}=\dfrac{3}{2}\sqrt{2}>1.96$

故拒绝 H_0,即在显著性水平 $\alpha=0.05$ 下,根据抽样结果可以认为两校考生的平均成绩有显著差异.

【MATLAB 程序】

1. 输入学校 1、2 的平均成绩,标准差,样本数,显著性水平等题设数据;

2. 计算统计量 U 及逆累计函数值 Z;

3. if 语句判断两者大小关系

　　a) 如 U<Z,接受原假设

　　b) 否则拒绝原假设

4. 跳出 if 语句,给出结果

得到运行结果如下：

假设检验——方差已知的两正态的均值检验

在显著性水平 $\alpha = 0.050000$ 下,接受原假设

实验 6

根据孟德尔的遗传学说,将两种豌豆杂交,四种类型的种子 A、B、C、D 应以 9:3:3:1 的比例出现. 在实验中得到 A 类种子 102 粒, B 类 30 粒, C 类 42 粒, D 类 15 粒.

试问:这个结果是否与孟德尔的遗传学说一致?

【求解过程】

设 H_0:种子的四种类型服从孟德尔遗传学说,则在 H_0 成立时, A、B、C、D 四种类型的种子出现的概率分别为:

$$p_1 = \frac{9}{16}, \ p_2 = \frac{3}{16}, \ p_3 = \frac{3}{16}, \ p_4 = \frac{1}{16}.$$

根据样本值得 $n = 102 + 30 + 42 + 15 = 189$, $n_1 = 105$, $n_2 = 30$, $n_3 = 42$, $n_4 = 15$.

代入公式: $\chi^2 = \sum_{i=1}^{k} \left(\frac{n_i}{n} - p_i \right)^2 \frac{n}{p_i} = \sum_{i=1}^{k} \frac{(n_i - np_i)^2}{np_i}$,计算得 $\chi^2 = 3.085$,取 $\alpha = 0.05$,查表得 $\chi^2_{0.05}(4-1) = 7.815$,故有 $\chi^2 < \chi^2_{0.05}(4-1)$,即接受原假设,认为试验结果与孟德尔遗传学说一致.

【MATLAB 程序】

```
p = [9/16 3/16 3/16 1/16];
N = [102 30 42 15];
n = sum(N);
alpha = 0.05;
X2 = 0;
for i = 1:length(N)
    X2 = X2 +(N(i) - n * p(i))^2/(n * p(i));
end
Z = chi2inv(1 - alpha,length(N) - 1);
fprintf('假设检验 -- Person_χ^2 检验法 \n');
fprintf(' ------------------------------------------------
------------------\n');
if X2 > Z
    fprintf('在显著性水平 α = \t%1f 下,\t 拒绝原假设 \n',alpha);
else
    fprintf('在显著性水平 α = \t%1f 下,\t 接受原假设 \n',alpha);
end
```

```
fprintf('------------------------------------------------------
------------------\n');
```

9.5 课后练习

1. 已知某种零件的长度服从正态分布 $N(32.05, 1.1^2)$，现抽取 6 个零件，测得它们的长度为（单位：cm）：

$$32.56 \quad 29.66 \quad 31.64 \quad 30.00 \quad 31.87 \quad 31.03$$

试问：在 $\alpha = 0.05$ 下能否接受假设，认为这批零件的平均长度为 32.05cm?

2. 从一批保险丝中抽取 10 根试验其熔化时间，结果为：

$$43 \quad 65 \quad 75 \quad 78 \quad 71 \quad 59 \quad 57 \quad 69 \quad 55 \quad 57$$

若熔化时间服从正态分布，试问：在 $\alpha = 0.05$ 下，能否接受熔化时间的标准差为 9？

3. 某香烟厂生产甲、乙两种香烟，独立的随机抽取容量大小相同的烟叶标本，测量尼古丁含量的毫克数，一实验室分别做了六次测定，数据记录如下：

$$甲：25 \quad 28 \quad 23 \quad 26 \quad 29 \quad 22$$
$$乙：28 \quad 23 \quad 30 \quad 25 \quad 21 \quad 27$$

假定尼古丁含量服从正态分布且具有相同的方差，试问：在 $\alpha = 0.05$ 下这两种香烟的尼古丁含量有无显著差异？

4. 对两批同类电子元件的电阻进行测试，各抽取 6 件，测得结果如下：

$$第一批：0.140 \quad 0.138 \quad 0.143 \quad 0.141 \quad 0.144 \quad 0.137$$
$$第二批：0.135 \quad 0.140 \quad 0.142 \quad 0.136 \quad 0.138 \quad 0.141$$

已知元件的电阻服从正态分布，试问：在 $\alpha = 0.05$ 下能否接受假设，认为两批电子元件的电阻的方差相等？

实验十 方差分析

10.1 实验目的

1）了解方差分析基本方法
2）学会利用 MATLAB 进行处理
3）掌握 MATLAB 常用命令

10.2 相关知识

在上一节，我们讨论了如何对一个或两个总体的均值进行检验，但有时还会遇到多个总体均值是否相等的假设检验问题，此时所采用的方法就是方差分析.

方差分析是 20 世纪 20 年代由英国统计学家费希尔首先提出的，最初应用于生物和农业田间试验，随后逐步推广到各个应用领域. 该方法直接对多个总体的均值是否相等进行检验. 这样不但可以减少工作量，而且可以增加检验的稳定性.

方差分析按所要研究的变量的个数进行分类，可以分为单因素方差分析（只针对一个因素）、多因素方差分析（针对多个因素）. 本节将介绍单因素方差分析及双因素方差分析，它们是方差分析中最常用的.

在方差分析中通常有如下假定：1. 各样本相互独立，即各组数据是从相互独立的总体中抽取的；2. 所有观察值均服从正态总体中抽取，且方差相等. 但在实际问题中，很难找到严格满足这些条件的客观现象，故一般要求应近似符合上述条件. 在假定条件成立条件下，通过数理统计证明，数据的组间方差与组内方差之间的比值是一个服从 F 分布的统计量，我们可以通过对这个统计量的检验做出拒绝或接受原假设的决策.

10.3 MATLAB 常用命令

命　令	功　能
anova1( )	单因素方差分析（注："1"为数字1）
anova2( )	双因素方差分析

10.4 单因素方差分析

实验1

设有三台机器，用来生产规格相同的铝合金薄板，取样测量得下表：

机 器	厚 度				
一	0.236	0.238	0.248	0.245	0.243
二	0.257	0.253	0.255	0.254	0.261
三	0.258	0.264	0.259	0.267	0.262

试问：不同机器生产的薄板厚度是否有显著差异？

【求解过程】

在 MATLAB 统计工具箱中单因素方差分析的命令是 p = anova1(x)，anova 是 analysis of variance（方差分析）的缩写；x 是 $n \times p$ 数据矩阵，p 是大于统计量 F 的观测值的概率，当 $p > \alpha$ 时，接受原假设 H_0，否则拒绝原假设．

【MATLAB 命令】

X = [0.236 0.238 0.248 0.245 0.243;0.257 0.253 0.255 0.254 0.261;0.258 0.264 0.259 0.267 0.262];

anova1(X)

结果为：

ans =

    0.9688

ANOVA Table

Source	SS	df	MS	F	Prob>F
Columns	0.00006	4	0.00002	0.13	0.9688
Error	0.00118	10	0.00012		
Total	0.00125	14			

因为 $p = 0.9688 > 0.05$，故拒绝原假设，认为不同机器生产的薄板厚度有显著差异．

【实验2】

用四种不同的工艺生产电灯泡，从各种工艺生产的电灯泡中分别抽取样品，并测得样品的使用寿命（单位：h）如下表所示．

工艺	A_1	A_2	A_3	A_4
样本观测值	1620	1580	1460	1500
	1670	1600	1540	1550
	1700	1640	1620	1610
	1750	1720		1680
	1800			
平均值	1708	1635	1540	1585

检验四种不同的工艺生产电灯泡的使用寿命是否有显著差异.

【求解过程】

对于非均衡的方差分析,在 MATLAB 统计工具箱中的命令是 p = anova1(x, group). 其中,x 是 n 个样本观测值,group 是对应样本值的分组标签.(其中,将第一组标记为 1,依次类推),形式类似于下图:

$$y = [y_1 \ y_2 \ y_3 \ y_4 \ y_5 \ \cdots \ y_N]$$
$$g = \{'A', 'A', 'C', 'B', 'B', \cdots, 'D'\}$$

【MATLAB 命令】

x = [1620 1670 1700 1750 1800 1580 1600 1640 1720 1460 1540 1620 1500 1550 1610 1680];

g = [1 1 1 1 1 2 2 2 2 3 3 3 4 4 4 4];

anova1(x,g)

输出结果为:

ans =

    0.0331

ANOVA Table

Source	SS	df	MS	F	Prob>F
Groups	62820	3	20940	4.06	0.0331
Error	61880	12	5156.67		
Total	124700	15			

因为 $0.01 < p = 0.0331 < 0.05$,所以认为几种工艺制成的灯泡寿命有显著差异.

10.5 双因素方差分析

双因素方差分析又分为无交互作用的方差分析和有交互作用的方差分析,无交互作用的方差分析假定两个因素的效应之间是相互独立的,不存在相互关系;有交互作用的方差分析假定两个因素不是独立的,而是相互起作用的,两个因素同时起作用的结果不是两个因素分别作用的简单加总,两者的结合会产生一个新的效应. 现通过实例介绍如何应用 MATLAB 软件处理实际中的双因素方差分析问题.

【实验1】

一火箭使用了四种燃料、三种推进器作射程试验,每种燃料+推进器的组合下各做了两次试验. 具体数据如下:

射程		推进器（B）		
		B_1	B_2	B_3
燃料（A）	A_1	58.2 52.6	56.2 41.2	65.3 60.8
	A_2	49.1 42.8	54.1 50.5	51.6 48.4
	A_3	60.1 58.3	70.9 73.2	39.2 40.7
	A_4	75.8 71.5	58.2 51.0	48.7 41.4

（1）对火箭射程试验的第一次试验进行无交互作用的方差分析；

（2）对火箭射程两次试验进行方差分析．

【求解过程】

（1）在 MATLAB 统计工具箱中双因素方差分析的命令是 p = anova2，其中参数 x 为观测所得样本值，具体命令如下：

X = [58.2 56.2 65.3;49.1 54.1 51.6;60.1 70.9 39.2;75.8 58.2 48.7];
p = anova2(X)

得到如下结果：

p =
    0.4491   0.7387

ANOVA Table

Source	SS	df	MS	F	Prob>F
Columns	223.85	2	111.923	0.92	0.4491
Rows	157.59	3	52.53	0.43	0.7387
Error	731.98	6	121.997		
Total	1113.42	11			

因为 $p_1 = 0.4491 > 0.05$，所以不可拒绝原假设 H_{02}；又因 $p_2 = 0.4491 > 0.05$，所以不可拒绝原假设 H_{01}，故认为两因素对试验结果均无显著影响．（但由实际问题可知，此结论显然错误，故需考虑两因素的交互作用）

（2）调用 MATLAB 命令：p = anova2 (x, n)；其中，x 为观测样本矩阵，n 为试验次数．具体命令如下：

X = [58.2 56.2 65.3;52.6 41.2 60.8;49.1 54.1 51.6;42.8 50.5 48.4;60.1 70.9 39.2;58.3 73.2 40.7;75.8 58.2 48.7;71.5 51 41.4];
p = anova2(X,2)

得到运行结果：

p =
0.0035   0.0260   0.0001

ANOVA Table

Source	SS	df	MS	F	Prob>F
Columns	370.98	2	185.49	9.39	0.0035
Rows	261.68	3	87.225	4.42	0.0260
Interaction	1768.69	6	294.782	14.93	0.0001
Error	236.95	12	19.746		
Total	2638.3	23			

结论：因为 $p=0.026<0.05$，所以拒绝原假设，认为不同燃料（A）对射程有显著影响；再由 $p=0.0035 \ll 0.026<0.05$，故拒绝原假设，认为不同推进器（B）对射程有更为显著的影响；同理，$p=0.0001 \ll 0.05$，即认为两因素的交互作用（$A \times B$）对射程的影响是高度显著的．

实验2

电池的极板材料和环境温度对电池的输出电压均有影响．现将极板的材料类型和使用温度均划分为三个水平，测得输出电压数据如下表所示，问不同材料、不同温度及它们的交互作用对输出电压有无显著影响．（$\alpha=0.05$）

材料类型	环境温度					
	15℃		25℃		35℃	
1	130	155	34	40	20	70
	174	180	80	75	82	58
2	150	188	136	122	25	70
	159	126	106	115	58	45
3	138	110	174	120	96	104
	168	160	150	139	82	60

【求解过程】

读题之后，可以发现本题要求较为明确，主要考察有交互作用的方差分析问题，故可调用 MATLAB 命令：p = anova2 (x, n)，其中，x 为样本矩阵，n 为试验次数．

【MATLAB 命令】

```
x =[130 34 20;155 40 70;174 80 82;180 75 58;150 136 25;188 122 70;159 106 58;126 115 45;138 174 96;110 120 104;168 150 82;160 139 60];
n = 4;
p = anova2(x,n)
```

得到结果：

p =

    0.0000   0.0043   0.0008

ANOVA Table

Source	SS	df	MS	F	Prob>F
Columns	47535.4	2	23767.7	47.25	0
Rows	6767.1	2	3383.5	6.73	0.0043
Interaction	13180.4	4	3295.1	6.55	0.0008
Error	13580.7	27	503		
Total	81063.6	35			

由运行结果可知，因 $p = 0.0043 < 0.05$，故拒绝原假设，认为材料对输出电压的影响显著；再由 $0 < 0.0008 \ll 0.05$，故也可认为环境温度及两者的交互作用对输出电压有更为显著的影响．

10.6 课后练习

1. 为研究酵母的分解作用对血糖的影响，从 8 名健康人身上抽取了血液并制成了血滤液．每位受试者的血滤液又分成 4 份，然后随机地把 4 份血滤液分别静置 0min，45 min，90 min，135 min，测得其血糖浓度如下表所示．试问：

（1）静置不同时间的血糖浓度的差别是否显著？

（2）不同受试者的血糖浓度的差别是否显著？

（提示：无交互作用的方差分析）

	受试者	B（时间/min）			
		0	45	90	135
A	1	95	95	89	83
	2	95	94	88	84
	3	106	105	97	90
	4	98	97	95	90
	5	102	98	97	88
	6	112	112	101	94
	7	105	103	97	88
	8	95	92	90	80

2. 分别抽取测量某地区的三所小学的 6 位六年级男生的身高（单位：cm），得到的数据如下表所示．试问：该地区这三所小学的六年级男生的身高是否有显著差异？（$\alpha = 0.05$）（提示：单因素方差分析）

第一小学	128	127	133.4	134.5	135.5	138
第二小学	126.3	128.1	136.1	150.47	155.4	157.8
第三小学	140.7	143.2	144.5	148	147.6	149.2

3. 比较三种化肥（A、B两种新型化肥和传统化肥C）施加到三种类型（酸性、中性和碱性）的土地上作物的产量情况有无差别. 将每块土地分为六块小区，施用A、B两种新型化肥和传统化肥C. 收割后，测量各组作物的产量，得到的数据如下表所示. 试问：化肥、土地类型及它们的交互作用对作物产量有影响吗？（$\alpha = 0.05$）

化肥类型	土地类型		
	酸 性	中 性	碱 性
A	30，35	31，32	32，30
B	31，32	36，35	32，30
C	27，25	29，27	28，25

实验十一 回归分析

11.1 实验目的

1）了解回归分析的基本方法
2）学会利用 MATLAB 进行处理
3）掌握 MATLAB 常用命令

11.2 相关知识

回归分析作为一种重要的统计方法，主要用于研究两个或两个以上变量之间的相互关系．这种关系并不是一种确定的关系，无法用确定的函数表达式来表示．回归分析通过建立统计模型来研究这种关系，并由此对相应的变量进行预测和控制．

回归分析可分为一元回归分析（变量只有两个）、多元回归分析（变量有两个以上）；按照其是否具有线性关系又可分为线性回归分析和非线性回归分析．

11.3 MATLAB 常用命令

MATLAB 工具箱内提供了一系列回归分析的相关函数，现给出几个常用函数：

函　　数	功　　能
regress(y,x,alpha)	计算回归系数及其区间估计，残差及其置信区间，并检验其回归模型（决定系数 R^2，F 统计量等），alpha 缺省为 0.05
rcoplot(r,rint)	画出残差及其置信区间
nlinfit(x,y,'model',beta0)	计算非线性回归的系数、残差、估计预测误差的数据
nlintool(x,y,'model',beta0,alpha)	产生拟合曲线及 y 的置信区间等信息的交互画面
nlpredci('model',x,beta,r,J)	求回归函数在 x 处预测值 y 及其置信区间
nlparci(beta,r,J)	计算回归系数的置信区间
LinearModel.fit(x,y,modelspec)	以 x 为数据矩阵，以 y 为响应变量，用 modelspec 的方式建立一个线性回归模型，modelspec 方式见软件说明，可缺省
NonLinearModel.fit(x,y,fun,beta0)	与 nlinfit 函数采用相同算法的另一个非线性回归命令
plotSlice(mdl)	作用等同于 nlintool
plotDiagnostics(mdl,plottype)	以 plottype 选项的方式显示数据与回归模型的数据诊断图
plotResiduals(mdl,plottype)	以 plottype 制定选项的方式显示数据与回归模型的误差图
predict(mdl,Xnew)	返回（线性、非线性）模型 mdl 在 Xnew 的预测值和 99% 置信区间

用法说明：

1. [b,bint,r,rint,stats] = regress(y,x,alpha)

（1）参数 b 为回归系数的估计值，bint 为回归系数的 100(1 - alpha)% 置信区间；

（2）参数 r 为残差，rint 为残差的 100(1 - alpha)% 置信区间；

（3）stats 中有用于检验回归模型的统计量的四个数值，决定系数 R^2、F 值、与 F 值对应的概率值 P 以及误差方差的估计值（剩余标准差的平方）s^2 的值；

（4）y 是因变量的观测值列向量，x 是回归变量的观测值列向量（或数据矩阵）在第一列前面加了一列 1 组成的矩阵．

2. rcoplot(r,rint)

画出残差 r 及其置信区间的图像，用于残差分析和模型的诊断．

3. [b,r,J] = nlinfit(x,y,'model',beta0)

（1）参数 b 是回归系数的估计值，r、J 是估计预测误差需要的诊断；

（2）x，y 分别是回归变量的观测值列向量（矩阵），因变量的观测值列向量；

（3）model 是事先用 M 文件定义的非线性函数；beta0 是回归系数的初值；该初值的选取直接影响了计算和拟合的质量，在没有相关信息的情况下可用 beta0 = randn(nVars,1)

11.4 一元回归分析

现举例说明各函数用法．

实验 1

设 x 为某个时期的家庭人均收入，y 为该时期内平均每十户拥有台式电脑的数量．现将统计数据给出，如下表．求 y 与 x 的回归方程，并画出残差及回归方程的图形．

家庭人均收入/千元	1.5	1.8	2.4	3.0	3.5	3.9	4.4	4.8	5.0
拥有电脑数量/十户	2.8	3.7	5.0	6.3	8.8	10.5	11.0	11.6	13.2

【MATLAB 命令】

```
% 作观测值点图
figure(1)
x = [1.5 1.8 2.4 3.0 3.5 3.9 4.4 4.8 5.0];
y = [2.8 3.7 5.0 6.3 8.8 10.5 11.0 11.6 13.2];
plot(x,y,'o');
% 回归与检验
X = [ones(9,1),x'];% X 由自变量观测值列向量在第一列加 1 组成
[b,bint,r,rint,stats] = regress(y',X)
```

```
% 残差分析
figure(2)
rcoplot(r,rint)
% 作回归直线及预测数据
figure(3)
z = b(1) + b(2) * x;
plot(x,y,'r+',x,z,'b')
fprintf('y_ = % 1f + % 1fx\n',b(1),b(2));
```

得到运行结果如下:

(1) 观测值点如图 24 所示.

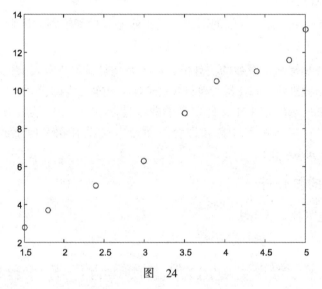

图 24

由图可以看出 x 与 y 大致呈线性关系.

(2) b =

  −1.7070

  2.9130

bint =

  −2.9748 −0.4393

  2.5585 3.2675

r =

  0.1376

  0.1637

  −0.2841

  −0.7319

  0.3116

```
    0.8464
   -0.1101
   -0.6753
    0.3421
rint =
   -0.9859    1.2610
   -1.0263    1.3536
   -1.5493    0.9811
   -1.8599    0.3961
   -1.0030    1.6262
   -0.1872    1.8800
   -1.3939    1.1738
   -1.7002    0.3496
   -0.7947    1.4790
stats =
0.9818   377.5799    0.0000    0.2944
```

可知回归系数估计值为 -1.7070、2.9130，对应置信区间为 [-2.9748，-0.4393]，[2.5585，3.2675]，且两个置信区间均不包含 0. 再由 $R^2 = 0.9818$，$F = 377.5799$，对应 $P = 0.0000 < 0.001$，$s^2 = 0.2944$. 故确定回归方程为：$\hat{y} = -1.7070 + 2.9130x$

(3) 残差图如图 25 所示：

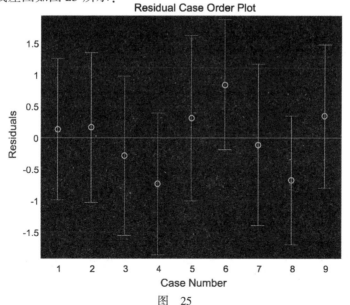

图 25

观察图形可发现如下结论：数据的残差距离零点比较近，且残差的置信区间都包含零点，这说明回归模型：$\hat{y} = -1.7070 + 2.9130x$ 能很好的拟合原始数据．

（4）作回归模拟图如图 26 所示：

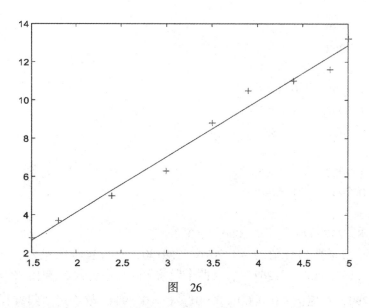

图 26

可以看出该线性回归直线可较好的拟合原始数据．

现使用前面数据来说明另一线性回归函数及相关函数的用法．给出命令如下：

```
% 作观测值点图
figure(1)
x = [1.5 1.8 2.4 3.0 3.5 3.9 4.4 4.8 5.0];
y = [2.8 3.7 5.0 6.3 8.8 10.5 11.0 11.6 13.2];
plot(x,y,'bo');
% 回归与检验
lmf = LinearModel.fit(x,y)
% 残差分析
figure(2)
plotResiduals(lmf,'probability')
find(lmf.Residuals.Raw > 0.8)
% 点预测
[Newlmf NewCI] = predict(lmf,5.6)
```

得到结果如图 27 所示．

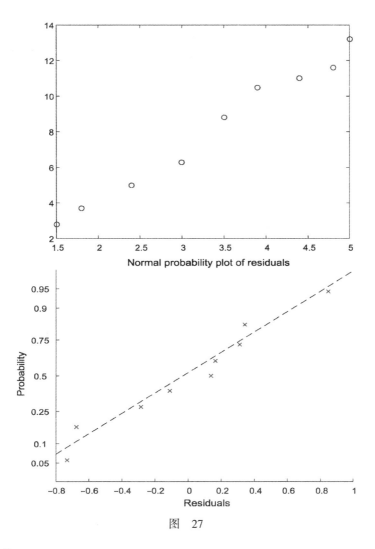

图 27

```
lmf =
Linear regression model:
    y ~ 1 + x1
Estimated Coefficients:
Estimate      SE        tStat      pValue
(Intercept)  -1.707    0.53613   -3.184    0.015405
x1            2.913    0.14991   19.431    2.3846e-07
Number of observations: 9, Error degrees of freedom: 7
Root Mean Squared Error: 0.543
R-squared: 0.982,  Adjusted R-Squared 0.979
F-statistic vs.constant model: 378, p-value = 2.38e-07
```

说明：Estimate 下面的数据是回归模型的常数项和 x 的系数，最后两列是估计回归系数检验所用的 t 统计量的统计值和对应的概率. 且剩余标准差是 $s = 0.543$，决定系数为 $R^2 = 0.982$，$F = 378$，对应概率为 $P = 2.38e - 07 < 0.01$，可知回归方程为：$\hat{y} = -1.7070 + 2.9130x$，且整体线性相关性高度显著.

实验 2

在彩色显影中，根据经验，形成燃料光学密度 y 与析出银的光学密度 x 由公式 $y = A e^{\frac{b}{x}} (b < 0)$ 表示，测得实验数据如下表：

x_i	0.05	0.06	0.07	0.10	0.14	0.20	0.25	0.31	0.38	0.43	0.47
y_i	0.10	0.14	0.23	0.37	0.59	0.79	1.00	1.12	1.19	1.25	1.29

求 y 关于 x 的回归方程.

【MATLAB 命令】

利用 NonLinearModel.fit 命令实现对该问题的回归模拟.

```
yhat = @(b,x)b(1)*exp(b(2)./x);
x = [0.05 0.06 0.07 0.10 0.14 0.20 0.25 0.31 0.38 0.43 0.47];
y = [0.10 0.14 0.23 0.37 0.59 0.79 1.00 1.12 1.19 1.25 1.29];
beta0 = [0.1 0.1];
nlf = NonLinearModel.fit(x,y,yhat,beta0)
[yhat,yci] = predict(nlf,x');
plot(x,y,'bo',x,yhat,'r');
```

得到如下结果：

```
nlf =
Nonlinear regression model:
    y ~ b1 * exp(b2/x)
Estimated Coefficients:
     Estimate      SE          tStat       pValue
b1   1.7924       0.030261    59.231      5.6151e-13
b2   -0.15339     0.0043739   -35.069     6.1601e-11
Number of observations: 11, Error degrees of freedom: 9
Root Mean Squared Error: 0.0236
R-Squared: 0.998,  Adjusted R-Squared 0.997
F-statistic vs. zero model: 7.25e+03, p-value = 3.68e-15
```

可得回归方程 $y = 1.7924 e^{-0.1534/x}$，决定系数 $R^2 = 0.998$，F 统计值对应概率 $P = 3.68e - 15 < 0.01$. 系数的统计值对应概率很小. 此外，剩余标准差为 0.0236，相比 y 的数据范围小很多，也说明模型拟合很好. 并将拟合图形表示如图 28 所示.

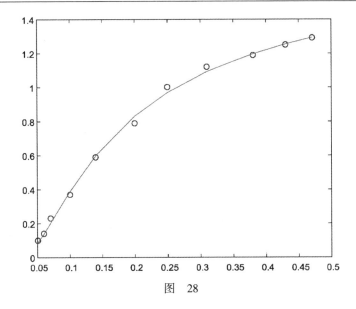

图 28

实验3

混凝土的抗压强度随养护时间的延长而增加,现将一批混凝土作成12个试块,下表记录了养护时间 x(日)及抗压强度 y(kg/cm^2)的数据.

养护时间 x	2	3	4	5	7	9	12	14	17	21	28	56
抗压强度 y	35	42	47	53	59	65	68	73	76	82	86	99

试求 $\hat{y} = a + b\ln x$ 回归方程.

【MATLAB 命令】

```
% 对要拟合的非线性模型建立 M 文件 logarithm 如下
function y_ = logarithm(beta,x)
y_ = beta(1)+beta(2)*log(x);
% 输入数据
x = [2 3 4 5 7 9 12 14 17 21 28 56];
y = [35 42 47 53 59 65 68 73 76 82 86 99];
beta0 = [20,20];% 初始残差的设定没有一般的方法,可取估计值
% 求回归系数
[beta,r,J] = nlinfit(x,y,'logarithm',beta0)
% 用回归方程预测及作图
[yy,delta] = nlpredci('logarithm',x,beta,r,J);
plot(x,y,'bo',x,yy,'r');
```

得到结果如下:

```
beta =
   21.0058   19.5285
```

得到参数估计值：$a = 21.0058$，$b = 19.5285$，可得非线性回归方程：$y = 21.0058 + 19.5285\ln x$.

拟合结果如图 29 所示，可发现拟合效果较好．

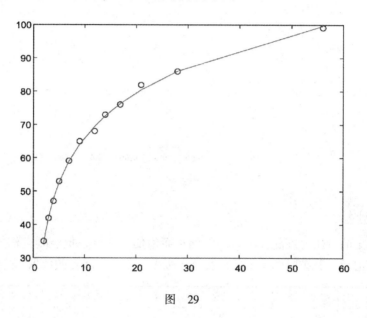

图 29

11.5 多元回归分析

1. 多元线性回归

多元回归分析是指分析因变量和自变量之间关系，回归分析的基本思想是：虽然自变量和因变量之间没有严格的、确定性的函数关系，但可以设法找出最能代表它们之间关系的数学表达形式．本节主要讨论多元线性回归问题．

假设预测对象 y 与 n 个影响因素 $x_1, x_2, \cdots, x_n$ 之间有如下关系：

$$y = b_0 + b_1 x_1 + b_2 x_2 + \cdots + b_n x_n + \varepsilon (n \geq 2)$$

称上式为多元线性回归模型，其中 y 称为因变量，$x_1, x_2, \cdots, x_n$ 称为自变量，$b_0, b_1, b_2, \cdots, b_n$ 为未知的待定系数，称为回归系数．ε 是随机误差，一般假设 $\varepsilon \sim N(0, \sigma^2)$，$\sigma^2$ 是未知参数．

多元线性回归分析实验的主要任务是：用样本观测值对待定系数作出估计；对建立的回归方程和每个回归变量进行显著性检验；给定回归变量数据后，利用回归方程对 y 进行预测，或给定 y 值，对回归变量作控制．

某公司调查某种商品的两种广告费用1和广告费用2对该产品销售量的影响,得到数据如下表所示.

销量 Y	96	90	95	92	95	95	94	94
广告费1 (x_1)	1.5	2.0	1.5	2.5	3.3	2.3	4.2	2.5
广告费2 (x_2)	5.0	2.0	4.0	2.5	3.0	3.5	2.5	3.0

试建立线性回归模型并进行检验,诊断是否有异常点.

【MATLAB 命令】
```
% 输入观测数据
x=[1.5 2.0 1.5 2.5 3.3 2.3 4.2 2.5;5.0 2.0 4.0 2.5 3.0 3.5 2.5 3.0];
Y=[96 90 95 92 95 95 94 94];
% 求回归方程
subplot(2,1,1);
plot(x(1,:),Y,'bo');
axis([0 5 80 100]);
subplot(2,1,2);
plot(x(2,:),Y,'ro');
axis([0 5 80 100]);
dlmf=LinearModel.fit(x',Y')
```

(1) 观测值散点图如图30所示.

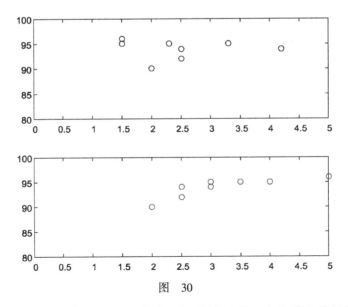

图 30

由图可以看出,Y 与 x_1,x_2 "大致"呈线性关系,由此建立线性回归模型.

(2) 求回归方程

由 dlmf = LinearModel.fit(X′,Y′) 命令得到如下结果：

dlmf 1 =

Linear regression model：

  y ~ 1 + x1 + x2

Estimated Coefficients:

	Estimate	SE	tStat	pValue
(Intercept)	83.212	1.7139	48.55	7.0048e−08
x1	1.2985	0.34924	3.7179	0.013742
x2	2.3372	0.33113	7.0582	0.00088245

Number of observations：8, Error degrees of freedom：5
Root Mean Squared Error：0.7
R-squared：0.909, Adjusted R-Squared 0.872
F-statistic vs.constant model：24.9, p-value = 0.00251

因此，回归方程为：$y = 83.12 + 1.2985 x_1 + 2.3372 x_2$

(3) 显著性检验

由所得结果可进行显著性检验：模型显著性的整体检验：统计量 $R^2 = 0.909$ 的数值较大，$F = 24.9$，且对应的概率 $P = 0.00251 < 0.01$，总体上说明模型整体线性相关性高度显著．回归系数的检验：常数项和 x_2 检验的显著性概率均小于 0.01，x_1 检验的显著性概率小于 0.05，说明回归变量都对因变量影响显著．

(4) 诊断分析

剩余标准差 $s = 0.7$ 相对于因变量数据范围较小，所以回归方程与原数据拟合的效果较好．若想进一步观察是否有异常数据，可在命令窗口输入命令：

    plotDiagnostics(dlmf,'cookd')

得到的图形如图 31 所示．

从图 30 中可以看出第一个数据的残差大于平均值，故剔除该异常数据，重新进行回归．调用命令如下：

[~,larg] = max(dlmf.Diagnostics.CooksDistance)
dlmf2 = LinearModel.fit(x′,Y′,'Exclude',larg)

得到结果如下：

dlmf2 =

Linear regression model：

  y ~ 1 + x1 + x2

Estimated Coefficients:

	Estimate	SE	tStat	pValue
(Intercept)	81.488	0.97255	83.788	1.2162e−07
x1	1.2877	0.17695	7.2768	0.001895
x2	2.9766	0.23356	12.744	0.00021841

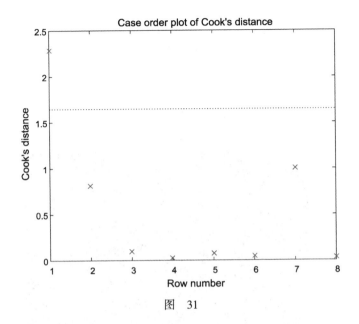

图 31

Number of observations: 7, Error degrees of freedom: 4
Root Mean Squared Error: 0.355
R - squared: 0.977, Adjusted R - Squared 0.965
F - statistic vs. constant model: 84.4, p - value = 0.000536

可以发现：回归方程变为：$y = 81.488 + 1.2877 x_1 + 2.9766 x_2$

且各项统计指标 R^2 和 F 检验概率都显著增大，剩余标准差变得更小，模型拟合程度得到进一步改善.

本题还可选用 regress 命令，具体调用格式如下：
x = [1.5 2.0 1.5 2.5 3.3 2.3 4.2 2.5;5.0 2.0 4.0 2.5 3.0 3.5 2.5 3.0];
Y = [96 90 95 92 95 95 94 94];
X = [ones(1,8);x(1,:);x(2,:)]
[b,bint,r,rint,stats] = regress(Y',X')

得到结果（部分）如下：
b =
　83.2116
　　1.2985
2.3372
　bint =
　78.8058　87.6174
　　0.4007　2.1962
　　1.4860　3.1883

```
stats =
 0.9089   24.9408    0.0025    0.4897
```
由结果可知,回归系数的置信区间都不包含零点,统计量 $R^2 = 0.9089$ 数值较大,$F = 24.9408$,$P = 0.0025 < 0.05$,说明模型线性相关性显著,回归方程为:
$$y = 83.2116 + 1.2985 x_1 + 2.3372 x_2$$
再由命令:rcoplot(r,rint) 进行残差分析,得到结果如图 32 所示.

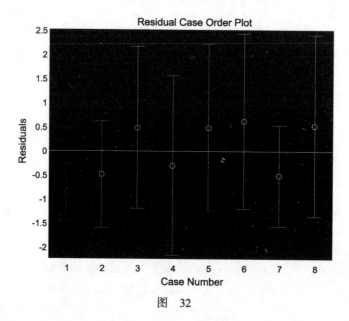

图 32

从残差图 31 中可知,除数据 1 之外,残差分布在 0 轴附近,且残差的置信区间均包含 0 点,分布正常,故可以考虑剔除数据 1,重新进行回归分析.

2. 多元非线性回归分析

在实际问题中,相应变量和预测变量之间关系的数学表达式很多是不具有线性关系的,为解决此类问题,这就引出了非线性回归分析.

多元非线性回归分析的实验步骤和线性回归相同,下面我们通过一个例子来说明其 MATLAB 操作方法.

在研究化学动力学反应过程中,建立了一个反应速度和反应物含量的数学模型:
$$y = \frac{\beta_4 x_2 - x_3/\beta_5}{1 + \beta_1 x_1 + \beta_2 x_2 + \beta_3 x_3}$$
其中,β_1、β_2、β_3、β_4、β_5 是未知的参数,x_1、x_2、x_3 是三种反应物(氢、n 戊烷、异构戊烷)的含量,y 是反应速度.今测得一组数据如下表所示,试由此确定参数 β_1、β_2、β_3、β_4、β_5 并给出其置信区间. β_1、β_2、β_3、β_4、β_5 的参考值为 (0.1, 0.05, 0.02, 1, 2).

序　　号	反应速度 y	氢 x_1	n 戊烷	异构戊烷
1	8.55	470	300	10
2	3.79	285	80	10
3	4.82	470	300	120
4	0.02	470	80	120
5	2.75	470	80	10
6	14.39	100	190	10
7	2.54	100	80	65
8	4.35	470	190	65
9	13.00	100	300	54
10	8.50	100	300	120
11	0.05	100	80	120
12	11.32	285	300	10
13	3.13	285	190	120

【MATLAB 命令】

```
clc
clear
% 输入数据
x0 = [1 8.55 470 300 10;2 3.79 285 80 10;3 4.82 470 300 120;4 0.02 470 80 120;5 2.75 470 80 10;6 14.39 100 190 10;7 2.54 100 80 65;8 4.35 470 190 65;9 13 100 300 54;10 8.5 100 300 120;11 0.05 100 80 120;12 11.32 285 300 10;13 3.13 285 190 120];
x = x0(:,3:5);
y = x0(:,2);
hold on
beta0 = [0.1 0.05 0.02 1 2];
% 回归分析
nlfit = NonLinearModel.fit(x,y,@ raction,beta0)
% 效果分析
plotResiduals(nlfit,'fitted')
% 效果展示
[yhat,yci] = predict(nlfit,x);
figure(2)
plot(x0(:,1),y,'bo')
hold on
plot(x0(:,1),yhat,'r +')
% 值预测
plotSlice(nlfit)
% plot(x0(:,1),yhat,'r +')
```

```
% figure(2)
% plot(x0(:,1),r,'b*');
% nlintool(x,y,'raction',beta0)
```

【运行结果】

由回归分析命令得到如下结果：

nlfit =

Nonlinear regression model:
    y ~ raction(b,X)

Estimated Coefficients:

	Estimate	SE	tStat	pValue
b1	0.062776	0.04356	1.4412	0.18751
b2	0.040048	0.030884	1.2967	0.23087
b3	0.11242	0.075155	1.4958	0.17308
b4	1.2526	0.86699	1.4448	0.18652
b5	1.1914	0.83671	1.4239	0.1923

Number of observations: 13, Error degrees of freedom: 8

Root Mean Squared Error: 0.193

R-Squared: 0.999, Adjusted R-Squared 0.998

F-statistic vs. zero model: 3.91e+03, p-value = 2.54e-13

可以看出，回归模型符合给定数学模型，并得出 5 个参数估计值；剩余标准差为 $s = 0.193$.

再由分析命令，得到残差图如图 33 所示.

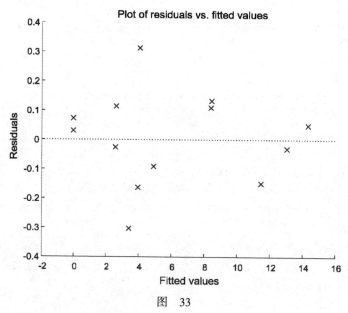

图 33

可以看出,残差分布在 0 均值附近,且数值较小,说明方程拟合程度较好.
再给出预测方程及效果图,如图 34 所示.

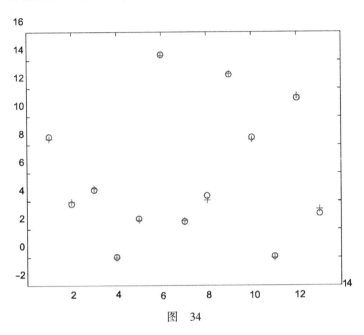

图 34

可进一步看出拟合效果.

plotSlice 命令可得到一个交互式画面如图 35 所示,通过调节变量的值可得到相应的 y 的预测值及预测区间.(可通过文本框输入或鼠标移动蓝线的方法调整变量值)

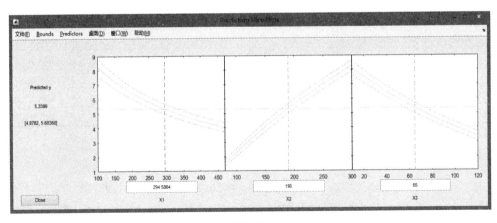

图 35

3. 逐步回归法

建立的回归方程即便通过了回归方程的显著性检验,也有可能不是"最优"

的方程. 实际问题中因变量的影响因素较多,有的回归变量对因变量的影响并不显著,且多个回归变量之间可能存在相互依赖性,相互影响,这就给回归系数的估计带来不可靠的解释. 解决此问题最有效的办法就是逐步回归法,现通过例题演示其 MATLAB 操作.

某建筑公司去年在 20 个地区的销售量 y、推销开支 x_1、实际账目数 x_2、同类商品竞争数 x_3 和地区销售潜力 x_4 如下表所示,x_1、x_2、x_3、x_4 分别是影响建筑材料销售量 y 的因素,试分析哪些是主要的影响因素,并建立该因素的线性回归模型.

地区 i	推销开支 x_1	实际账目数 x_2	同类商品竞争数 x_3	地区销售潜力 x_4	销售量 y
1	5.5	31	10	8	79.3
2	2.5	55	8	6	200.1
3	8.0	67	12	9	163.2
4	3.0	50	7	16	200.1
5	3.0	38	8	15	146.0
6	2.9	71	12	17	177.7
7	8.0	30	12	8	30.9
8	9.0	56	5	10	291.9
9	4.0	42	8	4	160.0
10	6.5	73	5	16	339.4
11	5.5	60	11	7	159.6
12	5.0	44	12	12	86.3
13	6.0	50	6	6	237.5
14	5.0	39	10	4	107.2
15	3.5	55	10	4	155.0
16	8.0	70	6	14	201.4
17	6.0	40	11	6	100.2
18	4.0	50	11	8	135.8
19	7.5	62	9	13	223.3
20	7.0	59	9	11	195.0

【MATLAB 命令】

```
y=[79.3 200.1 163.2 200.1 146 177.7 30.9 291.9 160 339.4
159.6 86.3 237.5 107.2 155 201.4 100.2 135.8 223.3 195]';
x=[5.5 2.5 8 3 3 2.9 8 9 4 6.5 5.5 5 6 5 3.5 8 6 4
7.5 7;31 55 67 50 38 71 30 56 42 73 60 44 50 39 55 70 40
50 62 59;10 8 12 7 8 12 12 5 8 5 11 12 6 10 10 6 11 11 9
9;8 6 9 16 15 17 8 10 4 16 7 12 6 4 4 14 6 8 13 11]';
stepwise(x,y)
```

由命令生成图 36.

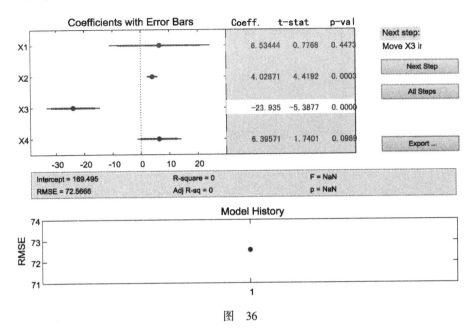

图 36

图 36 中所有线段均为红色[○]，即所有变量均不在模型中．可以根据对因变量 y 的影响程度，从大到小地依次引入变量．点击右侧的按钮 next step，X3 的置信区间线段变为蓝色，表示变量 X3 已经进入模型中，此时可得到决定系数，F 值，对应概率值，及剩余标准差等数值，因 $P<0.05$，说明 X3 对因变量的影响显著，所以 X3 可进入模型；再次点击 next step 按钮，X2 的置信区间线段变为蓝色，表示变量 X2 已经进入模型中，此时决定系数 R^2 数值更大，F 值增加，对应概率值及剩余标准差明显减小，说明 X2 对因变量的影响显著，所以 X2 可进入模型．

至此，模型的自动选择已经完成，也可直接点击 All step 按钮一次完成操作．(直接点击红线也可将其加入到模型之中)

| Intercept = 387.303 | R-square = 0.617246 | F = 29.0275 |
| RMSE = 46.1251 | Adj R-sq = 0.595981 | p = 4.04289e-05 |

| Intercept = 186.048 | R-square = 0.902444 | F = 78.6295 |
| RMSE = 23.9616 | Adj R-sq = 0.890967 | p = 2.56246e-09 |

[○] 原图见程序．

同学们可自行观察自变量 X1、X4 进入模型时，各数值变化情况．以确定是否忽略两者对因变量的影响．

调用 LinearModel. stepwise 命令，可以得到多元回归方程；在输入数据的前提下，使用操作命令如下：

mdl = LinearModel.stepwise(x,y)

得到运行结果：

```
>> ex95
1.Adding x3, FStat = 29.0275, pValue = 4.04289e-05
2.Adding x2, FStat = 49.6984, pValue = 1.95221e-06
mdl =
Linear regression model:
    y ~ 1 + x2 + x3
Estimated Coefficients:
                Estimate     SE         tStat      pValue
(Intercept)     186.05       35.843     5.1906     7.3688e-05
    x2          3.0907       0.43841    7.0497     1.9522e-06
    x3          -19.514      2.3915     -8.1596    2.7862e-07
Number of observations: 20, Error degrees of freedom: 17
Root Mean Squared Error: 24
R-squared: 0.902, Adjusted R-Squared 0.891
F-statistic vs.constant model: 78.6, p-value = 2.56e-09
```

由结果可知，将自变量 X2、X3 加入模型中，得到回归方程：

$$y = 186.05 + 3.0907 x_2 - 19.514 x_3$$

以上结果并未将变量 X1 引入模型，这和我们的直观感觉不太一致．X1 表示推销的开支，按常理来说，推销是应该有利于销售的．由此，我们对模型进行进一步的诊断．

用 X2 和 X3 建立的上述回归模型中，剩余标准差 $s = 24$ 相对于 y 的值来说较大，现进行残差分析：

调用命令：plotResiduals(mdl,'probability') 得到残差图如图 37 所示．

可见有一个残差小于 -80 且严重偏离拟合直线，找到对应的数据，在命令窗口输入：find（mdl.Residuals.Raw <-80）得到结果：

```
ans =
16
```

由此，选择剔除第 16 个数据，在命令行重新输入一下命令：

LinearModel.stepwise(x,y,'Exclude',16)

得到运行结果：

1.Adding x3, FStat = 29.4601, pValue = 4.5237e-05

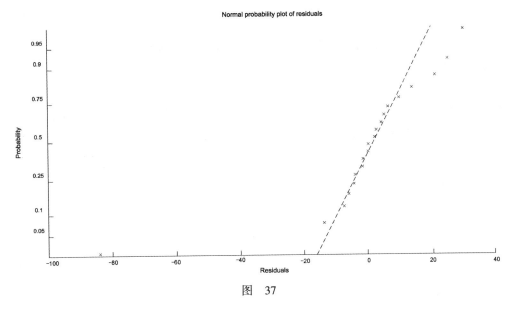

图 37

2. Adding x2, FStat = 587.0139, pValue = 4.882293e-14
3. Adding x1, FStat = 5.9635, pValue = 0.027468
4. Adding x1:x3, FStat = 8.3808, pValue = 0.011759
ans =
Linear regression model:
    y ~ 1 + x2 + x1 * x3

Estimated Coefficients:
              Estimate   SE   tStat   pValue
(Intercept)   135.93   17.015   7.9889   1.3918e-06
   x1   9.5617   2.6976   3.5446   0.0032357
   x2   3.4406   0.11065   31.093   2.5454e-14
   x3   -16.552   1.8891   -8.7618   4.6777e-07
   x1:x3   -0.85222   0.29438   -2.895   0.011759

Number of observations: 19, Error degrees of freedom: 14
Root Mean Squared Error: 5.54
R-squared: 0.996, Adjusted R-Squared 0.994
F-statistic vs. constant model: 802, p-value = 2.33e-16

即将变量 X1 加入模型之中,并增加变量 X1 和 X3 的交互项,得到回归模型:

$$y = 135.93 + 9.5617 x_1 + 3.4406 x_2 - 16.552 x_3 - 0.85222 x_1 x_3$$

现进行结果分析:将变量 X1 添加入模型($P = 0.03208 < 0.05$),这与"推

销总是有利于销售的"的常识相符合；X1 * X3 的交互项也进入模型，说明推销开支和同类商品的竞争的交互作用与销量 y 有线性关系，这也符合我们的常识；地区潜力 X4 未进入模型，说明潜力与销售量无显著的线性关系．

11.6 课后习题

1. 考察某一物质在水中的溶解度的问题时，可得到在 100g 水中溶解质量与温度关系的数据如下表所示：

温度 x/℃	0	4	10	15	21	29	36	51	68
溶解质量 y/g	66.7	71.0	76.3	80.6	85.7	92.9	99.4	113.6	125.1

求 y 与 x 的回归方程，并画出残差及回归方程的图形．

2. 测得某种合成材料的强度 y 与其拉伸倍数 x 的关系如下表所示：

x	2.0	2.5	2.7	3.5	4.0	4.5	5.2	6.3	0.1	0.0	0.0	10.0
y	1.3	2.5	2.5	2.7	3.5	4.2	5.0	6.4	0.3	0.0	0.0	8.1

（1）求 y 对 x 的回归方程；

（2）检验回归直线的显著性（$\alpha = 0.05$）

统计分析与SPSS应用

第1章 SPSS统计分析软件概述

1.1 SPSS 入门

SPSS 是世界上应用最广泛的专业统计软件之一，在全球拥有众多用户，分布于通信、医疗、银行、证券、保险、制造、商业、市场研究、科研教育等多个领域和行业．

1.1.1 软件概述

一、SPSS 发展简史

SPSS 是"社会科学统计软件包"（Statistical Package for the Social Science）的简称，是一种集成化的计算机数据处理应用软件．1968 年，美国斯坦福大学 H. Nie 等三位大学生开发了最早的 SPSS 统计软件，并于 1975 年在芝加哥成立了 SPSS 公司，到目前已有 40 余年的成长历史．SPSS 是世界上公认的三大数据分析软件之一（SAS、SPSS 和 SYSTAT）．1994 至 1998 年间，SPSS 公司陆续购并了 SYSTAT、BMDP 等公司，由原来单一统计产品开发转向为企业、教育、科研及政府机构提供全面信息统计决策支持服务．伴随 SPSS 服务领域的扩大和深度的增加，SPSS 公司已决定将其全称更改为 Statistical Product and Service Solutions（统计产品与服务解决方案）．

二、SPSS 软件的特点

（1）集数据录入、资料编辑、数据管理、统计分析、报表制作、图形绘制为一体．从理论上说，只要计算机硬盘和内存足够大，SPSS 可以处理任意大小的数据文件，无论文件中包含多少个变量，也不论数据中包含多少个案例．

（2）统计功能囊括了《教育统计学》中所有的项目，包括常规的集中量数和差异量数、相关分析、回归分析、方差分析、卡方检验、t 检验和非参数检验；也包括近期发展的多元统计技术，如多元回归分析、聚类分析、判别分析、主成分分析和因子分析等方法，并能在屏幕（或打印机）上显示（或打印）如正态分布图、直方图、散点图等各种统计图表．从某种意义上讲，SPSS 软件还可以帮助数学功底不够的使用者学习运用现代统计技术．使用者仅需要关心某个问题应该采用何种统计方法，并初步掌握对计算结果的解释，而不需要了解其具体运算过程．用户可以在使用手册的帮助下定量分析数据．

（3）自从1995年SPSS公司与微软公司合作开发SPSS界面后，SPSS界面变得越来越友好，操作也越来越简单．熟悉微软公司产品的用户学起SPSS操作很容易上手．SPSS for Windows界面完全是菜单式，一般稍有统计基础的用户经过三天培训即可用SPSS做简单的数据分析，包括绘制图表、简单回归、相关分析等等，关键在于如何进行结果分析及解释，这方面需要学习一些数理统计的基本知识，另一方面也要多进行实践，在实践中了解各种统计结果的实际意义．

1.1.2 SPSS软件的安装与激活

一、SPSS的安装

SPSS安装与其他Windows软件类似，在"安装向导"提示下完成．目前尚无汉化版．为了帮助学习，提供了一个10.0版的"汉化补丁"（PSPSS10a.EXE），但仅能汉化菜单，尚不能汉化输出结果．

二、SPSS的激活

SPSS在刚安装完毕时，尚未进行软件授权认证，此时的试用期只有14天．用户需在开始菜单中找到"IBM SPSS Statistics"组，然后运行其中的"IBM SPSS Statistics 24许可证授权向导"，在联网的状态下输入授权码将软件激活，激活完毕后所购买的模块就可以正常使用了．

1.2 SPSS使用基础

快速掌握SPSS首先需要熟悉SPSS的基本操作环境，掌握启动和退出SPSS的方法．

1.2.1 SPSS的基本窗口

SPSS软件运行时有多个窗口，各窗口有各自的作用．快速入门只需要熟悉两个基本窗口即可，它们是数据编辑器窗口和结果查看器窗口．

一、数据编辑器窗口

SPSS数据编辑器窗口（见图1.1）是SPSS的主程序窗口，该窗口的主要功能是定义SPSS数据的结构、录入编辑和管理待分析数据．其中【数据视图】选项卡用于显示SPSS数据的内容；【变量视图】选项卡用于显示SPSS数据的结构．

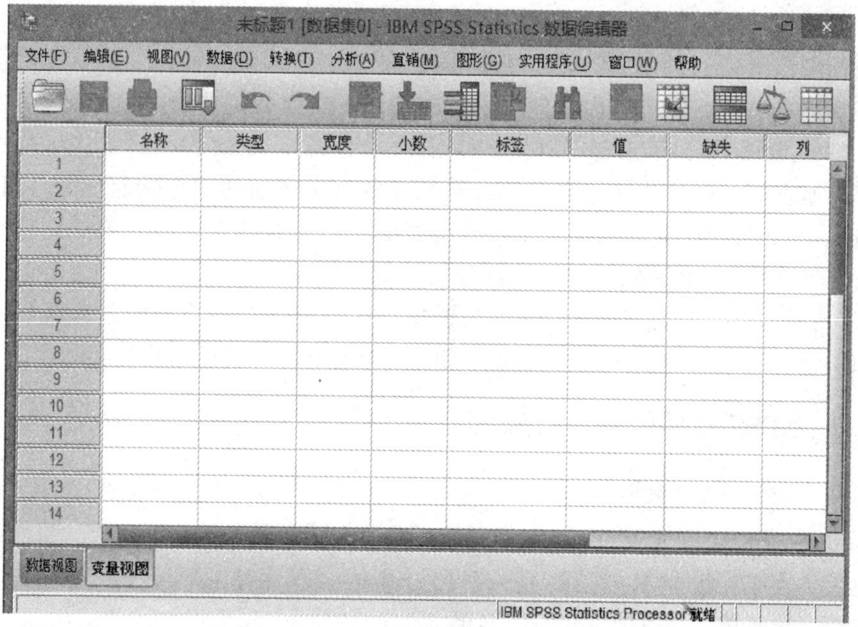

图 1.1

SPSS 运行时可以同时打开多个数据编辑器窗口. 各数据编辑器窗口分别显示不同的数据集合（简称数据集），数据集通常以 SPSS 数据文件的特有格式保存在磁盘上，其文件扩展名为 .sav. .sav 文件格式是 SPSS 独有的，一般无法通过 Word, Exccel 等其他软件打开.

二、SPSS 结果查看器

SPSS 统计分析的所有输出结果都显示在该窗口中，输出结果通常以 SPSS 输出文件的形式保存在计算机磁盘上，其文件扩展名为 .spv.

查看器通常在以下两种情况时打开：第一，第一次打开 SPSS 数据文件时，由 SPSS 自动创建并打开；第二，在 SPSS 运行过程中由用户手工创建或打开，依次选择的菜单为：【文件(F)】→【新建(N)】/【打开(O)】→【输出(O)】（见图 1.2）.

查看器窗口可以同时建立或打开多个，且可以利用主菜单中的【窗口(W)】菜单实现各个窗口间的相互切换.

1.2.2 SPSS 软件的退出

退出 SPSS 软件的方法与一般软件基本相同，即【文件(F)】→【退出(X)】

在退出时根据实际情况选择是否将数据编辑器窗口中的数据存到磁盘，以及是否将结果查看器窗口中的分析结果存到磁盘上.

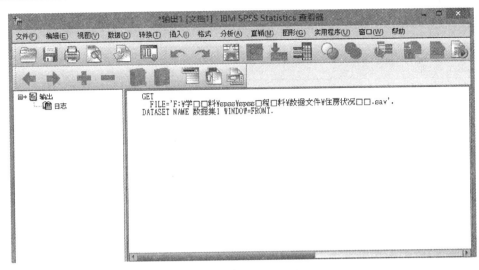

图 1.2

1.3 SPSS 数据文件的建立和管理

1.3.1 建立数据文件

建立数据文件的三种方式

一、直接打开

【文件】→【打开】→【数据】→【选择文件】

注：SPSS 能打开的常见的格式

（1）SPSS 格式文件，扩展名 .sav

（2）Excel 格式文件，扩展名 .xls

（3）dBase 格式文件，扩展名 .dbf

（4）SAS 格式文件，扩展名 .sas7bdat

（5）文本格式文件，扩展名 .txt, .dat

表1.1　SPSS 可以直接打开的数据类型

文件类型及扩展名	说　　明
SPSS（*.sav）	SPSS 数据文件
Spss/PC+（*.sys）	SPSS 早期版本数据文件
Systat（*.syd），（*.sys）	Systat 数据文件
Spss Portable（*.por）	Spss Portable 数据文件
Excel（*.xls）	Excel 文件

(续)

文件类型及扩展名	说　明
Lotus（*.W*）	Lotus 各版本的数据文件
Sylk（*.slk）	SYLK（符号链接）格式文件
Dbase（*.dbf）	dBase 数据库文件
SAS Long File Name（*.sas 7bdat）	SAS 长文件名数据文件
SAS Short File Name（*.sd7）	SAS 短文件名数据文件
SAS v6 for Windows（*.sd2）	SAS v6 for Windows 数据文件
SAS v6 for Unix（*.ssd01）	SAS v6 for Unix 数据文件
SAS Transport（*.xpt）	SAS Transport 数据文件
Txt（*.txt）	文本文件
Dat（*.dat）	Tab 分隔符数据文件

二、使用数据库查询打开

【文件】→【打开数据库】→【新建查询】

三、使用文本导入向导

【文件】→【读取 Cognos 数据】→【导入数据】

1.3.2　数据的结构和定义方法

一、变量名

变量名是变量访问和分析的唯一标识．

变量命名原则：

（1）SPSS 变量名由不多于 64（32 个汉字）个字符组成

（2）首字母是字母或汉字

（3）不能使用?、! 和 *

（4）注意不能以下划线_ 和圆点"．"作为变量名的最后一个字符

（5）变量名不能与 SPSS 保留字相同，SPSS 的保留字有 ALL，AND ，BY，EQ，GE，GT，LE，LT，x d NE，NOT，OR，TO，WITH

（6）不区分变量名的大小写，如 ABC 和 abc 被认为是同一个变量

（7）SPSS 有默认的变量名，如 VAR00001

二、变量类型与宽度（见图 1.3）

（1）数值型：通常由阿拉伯数字（0~9）和其他特殊符号（如美元符号，逗号，圆点）组成．

① 标准型（Numeric）：默认类型，默认最大宽度为 8 位，若默认最大宽度大于 8 位，按自动科学记数法显示，如：2638.4

② 科学计数法型（Scientific Notation）：表示特大或特小的数字，如：1.23E18，2.56E－16

③ 逗号型（Comma）：从个位开始每3位以逗号分割，默认最大宽度为8，小数位2，如：1,234.56

④ 点型（Dot）：从个位开始每3位以圆点分割，默认最大宽度为8，小数位2，如：1.234,56

⑤ 美元符号型（Dollar）：表示货币数据，在数据符号前加$，显示符号很多，如：$897

（2）字符型：默认最大宽度为8位，不能进行算术运算，区分大小写字母，字符不能超过指定的长度．

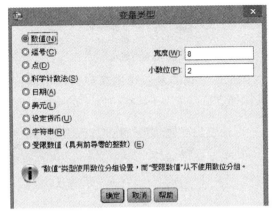

图 1.3

（3）日期型：表示日期或时间，如：25‐AUG‐1999，08/25/1999

三、变量名标签

变量名标签是对变量取值含义进一步解释说明．

例如： 变量名 　　变量标签
　　　　W 　　　Weight 或体重
　　　　H 　　　Height 或身高

四、变量值标签

变量值标签是对变量取值含义进一步解释说明．

例如 变量 　　值 　　值标签
　　　Sex 　　f 　　Female
　　　　　　　m 　　Male

五、缺失数据

说明缺失数据的基本方法是指定用户缺失值．

用户缺失值可以是：

（1）对字符型或数值型变量，用户缺失值可以是1~3个特定的离散值；

（2）对数值型变量，用户缺失值还可以是一个连续的闭区间和一个区间以外的离散值．

六、计量尺度

（1）定距型数据：可为数值型变量，如：身高、体重．

（2）定序型数据：具有内在大小或高低顺序，可为数值型变量或字符型变量，如：年龄段变量．

（3）定类型数据：一般以数值或字符表示的分类数据，可为数值型字符型变量，如：性别变量．

1.3.3 数据的录入与编辑

一、SPSS 数据的录入

SPSS 数据的录入操作在数据编辑器窗口的数据视图（见图 1.4）中实现，其操作方法与 Excel 基本类似，在操作时应注意以下几点：

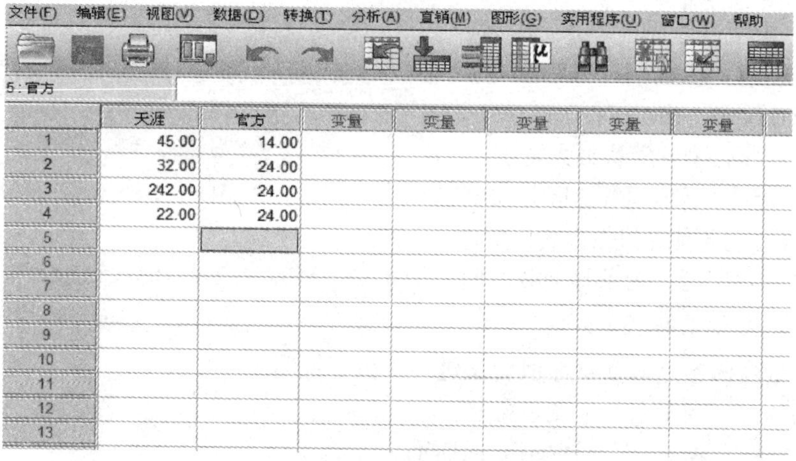

图 1.4

（1）有色框处的单元为当前数据单元．

（2）数据录入可以逐行进行，录完后按 Tab 键，数据录入可以逐列进行，录完后按 Enter 键．

（3）录入带有变量值标签的数据可以通过下拉按钮完成，但应首先打开变量值标签的显示开关，即：【视图】→【值标签】．

二、SPSS 数据的编辑

SPSS 的数据编辑主要有数据的定位、增加、删除、修改、复制等操作，编辑操作也在数据编辑器窗口的数据视图中进行．

表 1.2 SPSS 命令列表

命　令	功　能
Undo	删除刚输入的数据或者恢复刚修改的数据
Redo	恢复刚撤消的操作
Cut	将选定数据剪切到剪贴板
Copy	将选定数据复制到剪贴板
Paste	将剪贴板的数据粘贴到指定位置
Clear	清除选定的变量和观测值
Find	查找数据

(1) 变量管理

① 插入变量

将当前单元确定在某变量上→右击鼠标→插入变量

② 删除变量

在欲删除的变量名上单击鼠标→右键选择清除

③ 定义日期时间

数据→定义日期→设置日期时间

(2) 个案管理

① 个案定位：将当前数据单元定位到特定单元

人工定位方法：用鼠标拖动数据编辑窗口右边滚动钮或按 Page Up，Page Down.

自动定位方法：按个案号码自动定位和按变量值自动定位.

按个案号码自动定位：将当前单元定位在任何单元中→编辑→转至个案→输入欲定位的个案号码.

按变量值自动定位：将当前单元定位在任何单元中→编辑→查找→输入定位变量值.

② 插入和删除一个个案

将当前单元定位在任何单元中→编辑→插入个案.

在欲删除的个案号码上单击鼠标左键→右键选择→清除.

③ 数据块的移动、复制和删除

定义源数据块→右键选择清除或复制或剪切→ 指定目标单元→右键选择粘贴.

④ 个案排序

单击数据→排序个案（见图 1.5）→将主排序变量从左面的列框中选到排序依据框中（见图 1.6）→在排序顺序中选择升序或降序→如果多重排序，指定第二、三排序变量和规则

⑤ 个案选取

A. 按指定条件选取（If condition is satisfied）

B. 随机抽样（Random sample of cases）

　近似抽样（Approximately）

　精确抽样（Exactly）

C. 选取某一区域的样本（Based on time or case range）

D. 通过过滤变量选取样本（Use filter variable）

基本操作：

数据→选择个案（图 1.7），根据分析需要选择数据选取方法（图 1.8，

图 1.9），全部个案表示全部选中→在输出框中指定对未选择个案的处理方式 Filter 未选择个案打上/（图 1.10），Deleted 未选择个案从数据编辑窗口中删除→确定

图　1.5

图　1.6

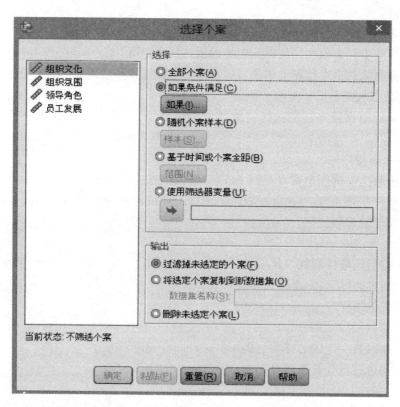

图　1.7

第1章　SPSS统计分析软件概述

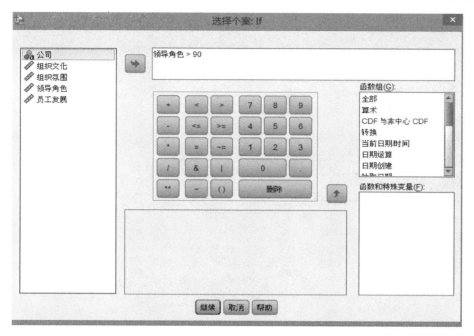

图　1.8

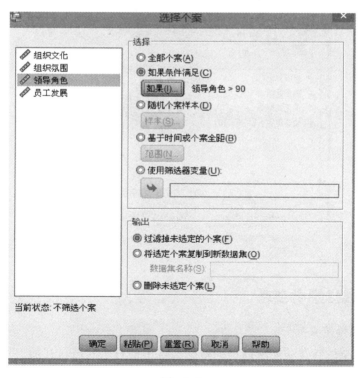

图　1.9

	公司	组织文化	组织氛围	领导角色	员工发展	filter_$
1	Microsoft	80	85	75	90	0
2	IBM	85	85	90	90	0
3	Dell	85	85	85	60	0
4	Apple	90	90	75	90	0
5	联想	99	98	78	80	0
6	NPP	88	89	89	90	0
7	北京电子	79	80	95	97	1
8	清华紫光	89	78	81	82	0
9	北大方正	75	78	95	96	1
10	TCL	60	65	85	88	0
11	娃哈哈	79	87	50	51	0
12	Angel	75	76	88	89	0
13	Hussar	60	56	89	90	0
14	世纪飞扬	100	100	85	84	0
15	Vinda	61	64	89	60	0

图 1.10

⑥ 加权个案（见图1.11）

数据→加权个案→添加变量→确定

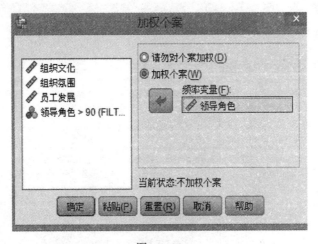

图 1.11

1.3.4 数据文件的整理

一、数据转置

利用数据的转置功能可以将原数据文件中的行、列进行互换，将观测量转变为变量，将变量转变为观测量．

转置结果系统将创建一个新的数据文件,并且自动地建立新的变量名显示各新变量列.

数据→转置(见图1.12)→指定数据转置后应保留哪些变量(选入变量框中再从原变量框中选择一个变量应用它的值作为转置后新变量名,一般选择具有相异观测值的变量或者命名变量.如果选择的是数值型变量,转置后的变量名以字母 V 起头,后面接上原数值.需要指出,对于字符型变量不能实现转置)→指定名称变量(转置后的变量命名)(见图1.13)→确定

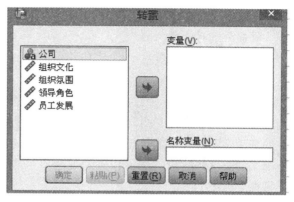

图 1.12

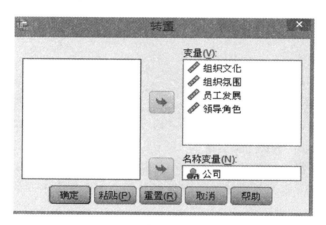

图 1.13

应用举例 结果如图1.14所示.

	CASE_LBL	Microsof	IBM	Dell	Apple	联想	NPP	北京电子
1	组织文化	80.00	85.00	85.00	90.00	99.00	88.00	79.00
2	组织氛围	85.00	85.00	85.00	90.00	98.00	89.00	80.00
3	领导角色	75.00	90.00	85.00	75.00	78.00	89.00	95.00
4	员工发展	90.00	90.00	60.00	90.00	80.00	90.00	97.00

图 1.14

二、数据合并

合并的方式有两种:纵向合并 Add Cases(增加个案),横向合并 Add Variables(增加变量)

(1) 纵向合并步骤：

数据→合并文件→添加个案，选择需要填加的数据文件→添加个案对话框→确定

添加个案对话框：

左边：不匹配变量显示栏（Unpaired Variables）

右边：匹配变量显示栏

Pair：将变量名不一致的变量配对选如右边

要求二者必须具有相同的变量类型．变量宽度可以不同，但是属于工作文件的变量宽度应大于或等于属于外部文件的变量的宽度．若情况相反，合并后外部文件被合并的观测量中相应的观测值可能不能显示，而在单元格里以若干＊号加以标记．

Rename：对不匹配变量改名

Indicate case source as variable：定义一个新变量以区分哪些记录是后来添加的

(2) 横向合并步骤：

数据→合并文件→添加变量，选择需要填加的数据文件→添加个案对话框→确定

添加变量对话框：

Excluded Variable：公有变量名

New Working Data File：所有变量名

Match cases on key variable in sorted files：按照关键变量合并数据

Key Variables：选择关键变量

注：两个数据文件必需至少有一个名称相同的变量，称为关键变量，两个数据文件必须按关键变量排序，不同数据文件中数据含义不同的数据项变量名应不同．

三、分类汇总

操作步骤：数据→分类汇总→将分类变量选到 Break Variables→将汇总变量选到 Aggregate Variables→Function，指定对汇总变量计算哪些统计量→指定将分类汇总结果保存到何处，选择 Add aggregated variables 增加汇总变量到当前文件 Create new data File 保存为新文件（File 重新指定文件名）或 Replace working data File 覆盖原始数据→确定

四、数据拆分

操作步骤：数据→拆分文件→将拆分变量选择到 Groups Based on→选择输出方式：Compare groups 将分组统计结果输出在同一张表格中，Organize output by groups 将分组统计结果输出在不同表格中→确定

课 后 练 习

1. 将"学生成绩一.sav"和"学生成绩二.sav"以学号为关键变量合并为一个数据文件,并且转置.

2. 针对 SPSS 自带文件 demo.xsl,进行以下练习:
(1) 将该文件读入 SPSS,仅包含以下变量:年龄、婚姻状况、家庭住址、收入.
(2) 对变量 MARITAL(婚姻状况)设置标签,1 代表已婚,0 代表未婚.

3. 对 <粮食总产量.sav> 找出总产量大于 20000 的年份并按照粮食产量降序排列.

4. 针对 SPSS 自带数据 Employee data.sav 进行以下练习:
(1) 根据雇员性别变量对 salary 的平均值进行汇总.
(2) 根据 jobcat 分组计算 salary 的秩次.

5. 收集到关于两种减肥产品试用情况的数据调查表如下:

产品类型	体重变化情况	
	明显减轻	无明显变化
第一种产品	27	19
第二种产品	20	33

请问:在 SPSS 中应如何组织这些数据.

6. 将 <学生成绩一.sav> 和 <学生成绩二.sav> 以学号为关键变量合并为一个数据文件并进行以下练习:
(1) 对每个学生计算得优课程数和得良课程数并按得优课程数的降序排列.
(2) 计算每个学生课程的平均分以及标准差,同时计算男生和女生各科成绩的平均分.

第 2 章 SPSS基本统计分析与统计推断

2.1 基本统计分析

对数据的分析通常都是从基本统计分析入手．通过基本统计分析，能够掌握数据的基本统计特征，把握数据的整体形态．

2.1.1 频数分析

一、目的以及功能

（1）目的：粗略把握数据的分布特征．

（2）功能：

① 编制频数分布表：频数、百分比、累计百分比

② 绘制频数分析中常用统计图：条形图、饼图、直方图

二、频数分析的应用举例

有15家公司在组织文化、组织氛围、领导角色、员工发展四方面的评分见表2.1.

表 2.1 公司评分表

公　司	组织文化	组织氛围	领导角色	员工发展
Microsoft	80	85	75	90
IBM	85	85	90	90
Dell	85	85	85	60
Apple	90	90	75	90
联想	99	98	78	80
NPP	88	89	89	90
北京电子	79	80	95	97
清华紫光	89	78	81	82
北大方正	75	78	95	96
TCL	60	65	85	88
娃哈哈	79	87	50	51
Angel	75	76	88	89

(续)

公司	组织文化	组织氛围	领导角色	员工发展
Hussar	60	56	89	90
世纪飞扬	100	100	85	84
Vinda	61	64	89	60

基本操作：分析→描述统计量→频率（图2.1）

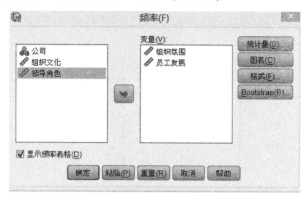

图 2.1

统计量：选择输出统计量：集中、离散趋势、分布特征、百分位值．（图2.2a）

图表：选择绘制的图形：条形图、饼图、直方图（仅用于定量变量）．（图2.2b）

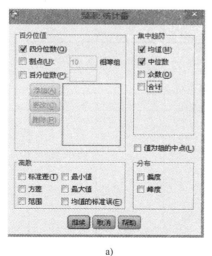
a)

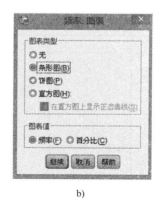
b)

图 2.2

格式：定义频数表输出格式（图2.3）

结果：见图2.4~图2.8.

图 2.3

统计量

		组织氛围	员工发展
N	有效	15	15
	缺失	0	0
均值		81.07	82.47
中值		85.00	89.00
百分位数	25	76.00	80.00
	50	85.00	89.00
	75	89.00	90.00

图 2.4

组织氛围

		频率	百分比	有效百分比	累积百分比
有效	56	1	6.7	6.7	6.7
	64	1	6.7	6.7	13.3
	65	1	6.7	6.7	20.0
	76	1	6.7	6.7	26.7
	78	2	13.3	13.3	40.0
	80	1	6.7	6.7	46.7
	85	3	20.0	20.0	66.7
	87	1	6.7	6.7	73.3
	89	1	6.7	6.7	80.0
	90	1	6.7	6.7	86.7
	98	1	6.7	6.7	93.3
	100	1	6.7	6.7	100.0
	合计	15	100.0	100.0	

图 2.5

员工发展

		频率	百分比	有效百分比	累积百分比
有效	51	1	6.7	6.7	6.7
	60	2	13.3	13.3	20.0
	80	1	6.7	6.7	26.7
	82	1	6.7	6.7	33.3
	84	1	6.7	6.7	40.0
	88	1	6.7	6.7	46.7
	89	1	6.7	6.7	53.3
	90	5	33.3	33.3	86.7
	96	1	6.7	6.7	93.3
	97	1	6.7	6.7	100.0
	合计	15	100.0	100.0	

图 2.6

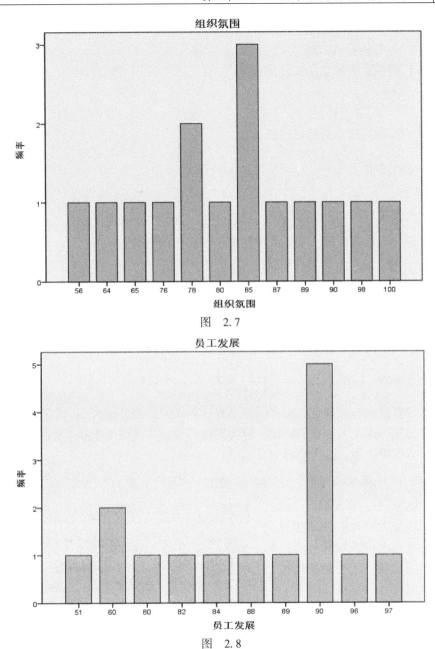

图 2.7

图 2.8

2.1.2 计算基本描述统计量

一、目的以及功能

(1) 目的：精确把握变量的总体分布状况

（2）功能：计算变量的集中趋势、离散趋势、偏度、峰度等指标，绘制统计图

二、基本描述统计量

（1）刻画集中趋势的描述统计量

均值：$\bar{x} = \dfrac{1}{n}\sum\limits_{i=1}^{n} x_i$

（2）刻画离散趋势的描述统计量

样本标准差：$s = \sqrt{\dfrac{1}{n-1}\sum\limits_{i=1}^{n}(x_i - \bar{x})^2}$

样本方差：$s^2 = \dfrac{1}{n-1}\sum\limits_{i=1}^{n}(x_i - \bar{x})^2$

全距：也称为极差，是最大值与最小值之间的绝对差

（3）刻画分布形态的描述统计量

偏度系数：$\text{Skewness} = \dfrac{1}{(n-1)s^3}\sum\limits_{i=1}^{n}(x_i - \bar{x})^3$

当分布是对称分布时，正负总偏差相等，偏度值等于 0；偏度小于 0，负偏差值比较大；偏度大于 0，正偏差比较大．

峰度系数：$\text{Kurtosis} = \dfrac{1}{(n-1)s^4}\sum\limits_{i=1}^{n}(x_i - \bar{x})^4 - 3$

当数据分布与标准正态分布的陡缓程度相同时，峰度值为 0；峰度值大于 0，数据分布比标准正态分布更陡峭，称为尖峰分布；峰度值小于 0，数据分布比标准正态分布更平缓，称为平峰分布．

三、计算基本描述统计量的应用举例

数据为＜住房状况调查.sav＞，对人均住房面积计算基本描述统计量，并对本市户口和外地户口家庭进行比较．（先对数据按照户口状况进行拆分）

解：操作步骤：数据→拆分文件（图 2.9）→将户口状况加入分组方式→确定→分析→描述统计→描述（图 2.10）→选项

结果：如图 2.11 所示．

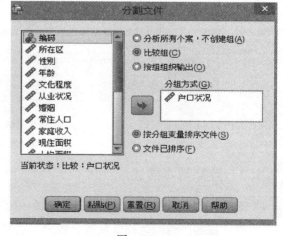

图 2.9

第2章 SPSS基本统计分析与统计推断

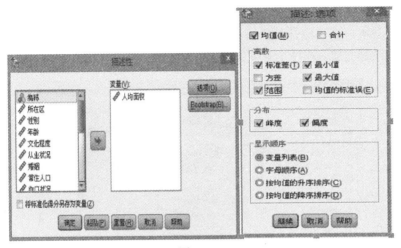

图 2.10

描述统计量

户口状况		N 统计量	全距 统计量	极小值 统计量	极大值 统计量	均值 统计量	标准差 统计量	偏度 统计量	偏度 标准误	峰度 统计量	峰度 标准误
本市户口	人均面积	2825	112.60	2.40	115.00	21.7258	12.17539	2.181	.046	8.311	.092
	有效的 N（列表状态）	2825									
外地户口	人均面积	168	97.67	3.33	101.00	26.7165	18.96748	1.429	.187	2.121	.373
	有效的 N（列表状态）	168									

图 2.11

2.1.3 探索性数据分析

一、目的以及功能

（1）目的：对数据进行初步考查

（2）功能：

① 计算整体或分组数据的描述性统计指标

② 输出描述性统计图：茎叶图、直方图、箱式图

③ 正态性检验、方差齐性检验

④ 检查数据的错误，辨认奇异值

二、探索性数据分析的应用举例

使用居民储蓄调查表数据，描述城乡居民存取款金额的差别，检查存取款金额的离群点（Outliers）和极端值（Extreme values），对存取款金额进行正态

性检验和方差齐性检验,以便进一步选择分析方法.

解:分析→描述统计→探索→存款金额加入因变量列表→常住地加入因子列表→存款种类加入标注个案(图2.12)→绘制→继续(图2.13)→确定

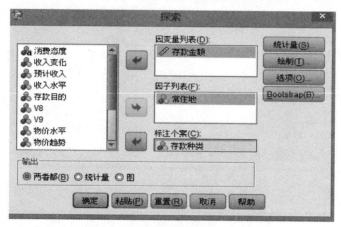

图 2.12

图 2.13

结果:如图2.14~图2.16所示.

案例处理摘要

	常住地	案例					
		有效		缺失		合计	
		N	百分比	N	百分比	N	百分比
存款金额	1	200	100.0%	0	0.0%	200	100.0%
	2	82	100.0%	0	0.0%	82	100.0%

图 2.14

描述

	常住地			统计量	标准误
存款金额	1	均值		4956.94	692.435
		均值的 95% 置信区间	下限	3591.48	
			上限	6322.39	
		5% 修整均值		3247.98	
		中值		1000.00	
		方差		95893343.880	
		标准差		9792.515	
		极小值		1	
		极大值		80000	
		范围		79999	
		四分位距		4500	
		偏度		4.293	.172
		峰度		23.208	.342
	2	均值		4204.32	1480.050
		均值的 95% 置信区间	下限	1259.48	
			上限	7149.15	
		5% 修整均值		1908.40	
		中值		800.00	
		方差		179624996.071	
		标准差		13402.425	

图 2.15

正态性检验

	常住地	Kolmogorov-Smirnov[a]			Shapiro-Wilk		
		统计量	df	Sig.	统计量	df	Sig.
存款金额	1	.306	200	.000	.501	200	.000
	2	.378	82	.000	.299	82	.000

a. Lilliefors 显著水平修正

方差齐性检验

		Levene 统计量	df1	df2	Sig.
存款金额	基于均值	.001	1	280	.980
	基于中值	.153	1	280	.696
	基于中值和带有调整后的 df	.153	1	252.770	.696
	基于修整均值	.210	1	280	.647

图 2.16

2.2 统计推断

统计推断方法是根据样本数据推断总体特征的方法，它在对样本数据描述的基础上，以概率的形式对统计总体的未知数量特征（如均值、方差等）进行表述．

2.2.1 由样本推断整体——参数估计

参数估计的方法有点估计和区间估计两种：由样本数据估计总体分布所含未知参数的真值，所得到的值称为估计值，点估计的精确程度可用置信区间表示，置信区间参见表2.2；区间估计通过从总体中抽取的样本，根据一定的正确度与精确度的要求，构造出适当的区间，以作为总体的分布参数（或参数的函数）的真值所在范围的估计．

表2.2 置信区间

待估计参数	已知条件	置信区间
总体均值（μ）	正态总体，σ^2 已知	$\bar{X} \pm Z_{\frac{\alpha}{2}} \cdot \frac{\sigma}{\sqrt{n}}$
	正态总体，σ^2 未知 $n<30$	$\bar{X} \pm t_{\frac{\alpha}{2}(n-1)} \cdot \frac{s}{\sqrt{n}}$
	非正态总体，$n \geqslant 30$ σ 未知时，用 s 代替	$\bar{X} \pm Z_{\frac{\alpha}{2}} \cdot \frac{s}{\sqrt{n}}$
	有限总体，$n \geqslant 30$（不重复） σ 未知时，用 s 代替	$\bar{X} \pm Z_{\frac{\alpha}{2}} \cdot \frac{\sigma}{\sqrt{n}} \cdot \sqrt{\frac{N-n}{N-1}}$

一、一个总体均值的区间估计

总体均值区间估计的流程如图2.17所示：

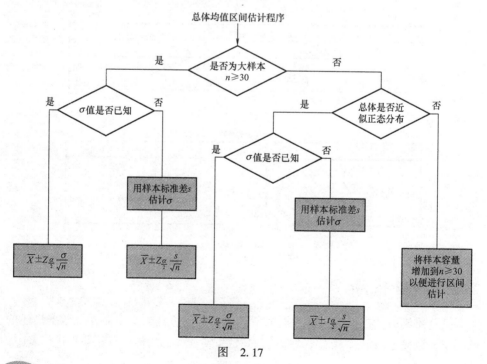

图 2.17

基本操作：分析→比较均值（见图2.18）→单样本T检验（见图2.19）.

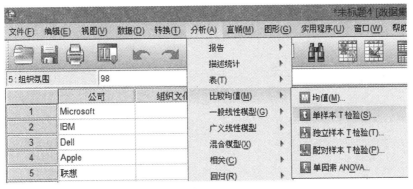

图 2.18

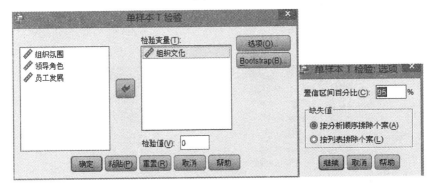

图 2.19

二、两个总体均值之差的区间估计（表2.3）

表2.3 区间估计

待估计参数	已知条件	置信区间
两个总体均值之差 $\mu_1 - \mu_2$	两个正态总体 σ_1^2，σ_2^2 已知	$(\bar{X}_1 - \bar{X}_2) \pm Z_{\frac{\alpha}{2}} \sqrt{\frac{\sigma_1^2}{n_1} + \frac{\sigma_2^2}{n_2}}$
	两个正态总体 σ_1^2，σ_2^2 未知但相等	$(\bar{X}_1 - \bar{X}_2) \pm t_{\frac{\alpha}{2}} s_p \sqrt{\frac{1}{n_1} + \frac{1}{n_2}}$
	两个非正态总体 n_1，$n_2 \geqslant 30$	$(\bar{X}_1 - \bar{X}_2) \pm Z_{\frac{\alpha}{2}} \sqrt{\frac{\sigma_1^2}{n_1} + \frac{\sigma_2^2}{n_2}}$

为了研究吸烟有害广告对吸烟者减少吸烟量甚至戒烟是否有作用，从吸烟者群体中随机抽取33位吸烟者，调查他们在观看广告前后每天吸烟量（支），数据如表2.4所示．试问广告对他们的吸烟量是否产生作用？为了支持你的答案，请构造一个99%的置信区间．

表 2.4

吸烟者编号	1	2	3	4	5	6	7	8	9	10	11
看前 X_1（支）	20	15	14	11	12	16	19	26	22	16	9
看后 X_2（支）	18	15	10	10	13	12	15	20	17	7	9
吸烟者编号	12	13	14	15	16	17	18	19	20	21	22
看前 X_1（支）	17	33	25	8	41	19	26	16	31	27	6
看后 X_2（支）	10	34	20	4	40	10	30	16	20	18	2
吸烟者编号	23	24	25	26	27	28	29	30	31	32	33
看前 X_1（支）	13	24	22	48	41	6	9	38	25	29	28
看后 X_2（支）	11	22	25	50	34	6	13	27	11	10	21

解：操作步骤：选择分析→比较均值→配对样本 T 检验（图 2.20）→将变量看前和看后放入成对变量栏中（见图 2.21）→选项，置信度改为 99%，单击继续按钮（见图 2.22）→确定

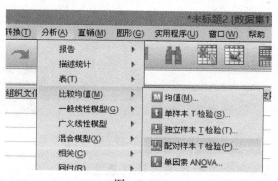

图 2.20

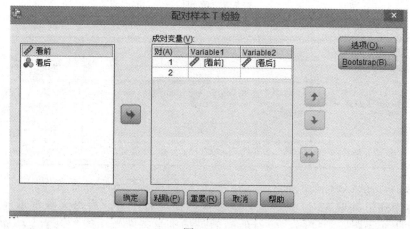

图 2.21

第2章 SPSS基本统计分析与统计推断

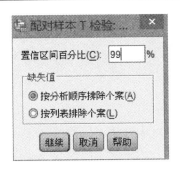

图 2.22

结果：见图 2.23、图 2.24.

成对样本统计量

		均值	N	标准差	均值的标准误
对 1	看前	21.5758	33	10.65079	1.85407
	看后	17.5758	33	10.68009	1.85917

成对样本相关系数

		N	相关系数	Sig.
对 1	看前 & 看后	33	.878	.000

图 2.23

成对样本检验

		成对差分					t	df	Sig.(双侧)
		均值	标准差	均值的标准误	差分的 99% 置信区间				
					下限	上限			
对 1	看前 － 看后	4.00000	5.2678	.91701	1.48878	6.51122	4.362	32	.000

图 2.24

分析：

成对样本统计量表：显示观看广告前的平均每日吸烟量约为 21.5758 支. 观看广告后的平均每日吸烟量约为 17.5758 支，说明该广告发生了作用.

成对样本相关系数表：反映了广告观看前与后存在着显著相关关系，相关系数为 0.878.

成对样本检验表：显示了前后两个总体平均每日吸烟量之差的 99% 置信区间为（1.4888，6.5112），这意味着不管随机抽到哪几对样本调查，均有

99%的把握保证,观看广告前的平均每日吸烟量大于观看广告后的平均每日吸烟量.

2.2.2 假设检验

一、假设检验的基本概念

(1) 原假设(null hypothesis)H_0:在统计学中,把需要通过样本去推断正确与否的命题,称为原假设,又称虚无假设或零假设.它常常是根据已有资料或经过周密考虑后确定的.

(2) 备择假设(alternative hypothesis)H_1:也叫择一假设,原假设被否定之后应选择的与原假设逻辑对立的假设.

(3) 显著性水平(significant level)α:确定一个事件为小概率事件的标准,称为检验水平,亦称为显著性水平.通常取$\alpha=0.05,0.01,0.1$.

(4) 假设检验的形式:

假设检验就是根据样本观察结果对原假设(H_0)进行检验,接受H_0,就否定H_1;拒绝H_0,就接受H_1.

(5) 检验类型:

双尾检验(two tailed test):$H_0:\mu=\mu_0$,$H_1:\mu\neq\mu_0$

单尾检验(one tailed test):$H_0:\mu\geq\mu_0$,$H_1:\mu<\mu_0$

$H_0:\mu\leq\mu_0$,$H_1:\mu>\mu_0$

(6) 假设检验问题的基本步骤:

① 提出假设:原假设H_0及备择假设H_1

② 选择适当的检验统计量,并指出H_0成立时该检验统计量所服从的抽样分布

③ 根据给定的显著性水平,查表确定相应的临界值,并建立相应的小概率事件

④ 根据样本观察值计算检验统计量的值H_0

⑤ 将检验统计量的值与临界值比较,当检验统计量的值落入拒绝域时拒绝H_0而接受H_1;否则不能拒绝H_0,可接受H_0.

二、假设检验的方法

(1) 置信区间法:根据样本资料求出在一定把握程度下的总体参数的置信区间,若该区间包括了μ_0,则不能拒绝H_0,否则拒绝H_0.

(2) 接受域法:先根据显著性水平确定相应的侧分点即接受域,如$(-Z_{\frac{\alpha}{2}},Z_{\frac{\alpha}{2}})$,然后计算在$H_0$成立下的检验统计量的值$Z$,若其落在接受域内则不能拒绝$H_0$,否则拒绝$H_0$.

(3) p值法:当$\alpha=0.05$,若p值小于0.01,则具有高度统计显著性,非常强的证据拒绝原假设;若p值位于0.01~0.05,则具有统计显著性,适当的证

据可拒绝原假设；若 p 值大于 0.05，则较不充分的证据拒绝原假设.

应用举例：

某厂用自动包装机装箱，在正常情况下，每箱重量服从正态分布（100，1.22），某日开工后，随机抽测 12 箱，重量如下（单位：kg）

99.2 \ 98.8 \ 100.3 \ 100.6 \ 99.0 \ 99.5 \ 100.7 \
100.9 \ 99.1 \ 99.3 \ 100.1 \ 98.6

问包装机工作是否正常？（$\alpha = 0.05$ 方差不变）

解：依题意，设 $H_0: \mu = 100$，$H_1: \mu \neq 100$

操作步骤：分析→比较均值→单样本 T 检验（图 2.25）→将变量放至检验变量中→检验值写 100（图 2.26）→确定

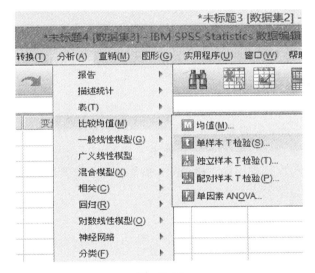

图 2.25

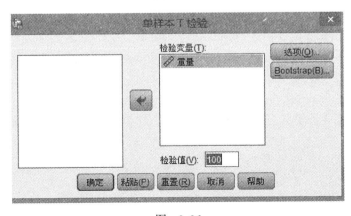

图 2.26

结果：见图 2.27.

单个样本统计量

	N	均值	标准差	均值的标准误
重量	12	99.6750	.80241	.23164

单个样本检验

	检验值 = 100					
	T	df	Sig.(双侧)	均值差值	差分的 95% 置信区间	
					下限	上限
重量	-1.403	11	.188	-.32500	-.8348	.1848

图 2.27

分析：从图 2.27 可以看出，样本单位的平均重量为 99.675kg，检验统计量 $T = -1.403$，自由度 df = 11，双尾 $p = 0.188$，因为 p 值大于 α，所以接受 H_0；拒绝 H_1，即包装机工作是正常的.

2.2.3 检验的 p 值

假设检验的显著性水平 α 是在检验之前确定的，为检验构造的小概率事件不超过 α. 这种实现给定的显著性水平 α，虽然它能反映检验结果的可靠程度，但它不能反映观测数据与原假设之间的不一致程度，如果选择的 α 相同，所有检验结论的可靠程度是都一样. 检验的 p 值能够显示检验的更多信息，如它能度量样本观测数据与原假设的偏离程度.

一、p 值的概念

（1）定义：在一个假设检验问题中，利用已知观测值能够给出拒绝原假设的最小显著水平称为检验的 p 值.

（2）功能：

① p 值比较客观，避免了事先确定显著性水平；

② 知道了检验的 p 值进行判断就特别简单，只要用 p 值与一个有想像设定的显著性水平 α 进行比较就可以下结论：若 $p \leq \alpha$，则在显著性水平 α 下拒绝 H_0；若 $p > \alpha$，则在显著性水平 α 下接受 H_0.

（3）常见形式的拒绝域所对应 p 值计算式

设检验统计量 T 为连续变量，T_α 表示 T 分布的下侧分位数，检验的显著性水平为 α.

① 若检验的拒绝域为 $T \leq T_\alpha$，即有 H_0 为真时 $P(T \leq T_\alpha) = \alpha$.

检验统计量为 T_0，则该检验的 p 值计算式为 $p = P(T \leq T_0)$（H_0 为真条件下）；这时 $T_0 \leq T_\alpha$ 成立与 $p \leq \alpha$ 成立等价.

② 若检验的拒绝域为 $T > T_{1-\alpha}$，即有 H_0 为真时 $P(T > T_{1-\alpha}) = \alpha$.

检验统计量为 T_0，则该检验的 p 值计算式为 $p = P(T > T_0)$（H_0 为真条件下）；这时 $T_0 > T_{1-\alpha}$ 成立与 $p \leqslant \alpha$ 成立等价.

③ 若检验的拒绝域为 $|T| > T_{1-\frac{\alpha}{2}}$，即有 H_0 为真时 $P(|T| > T_{1-\frac{\alpha}{2}}) = \alpha$.

检验统计量为 T_0，则该检验的 p 值计算式为 $p = P(|T| > |T_0|)$（H_0 为真条件下）；这时 $|T_0| > T_{1-\frac{\alpha}{2}}$ 成立与 $p \leqslant \alpha$ 成立等价.

二、应用举例

一支香烟中的尼古丁含量 $X \sim N(\mu, 1)$，质量标准规定 μ 不能超过 1.5mg，现从某厂生产的香烟中随机地抽取 20 支，测得平均每支香烟尼古丁含量为 $\bar{x} = 1.97$mg，试问该厂生产的香烟尼古丁含量是否符合标准的规定？

解：总体 $X \sim N(\mu, \sigma^2)$，σ^2 已知，$H_0: \mu \leqslant 1.5$，$H_1: \mu > 1.5$

检验统计量 $U = \dfrac{\bar{X} - \mu_0}{\sigma/\sqrt{n}} = \dfrac{\bar{X} - 1.5}{\sigma/\sqrt{20}}$

H_0 为真时，$U \sim N(0, 1)$

给定显著水平 α，H_0 的拒绝域为：$C = [z_\alpha, +\infty)$

又 $\bar{x} = 1.97$，$\sigma = 1$，$\mu = \dfrac{\bar{x} - 1.5}{\sigma/\sqrt{20}} = 2.1$

取不同的显著性水平 α（见图 2.28）

$\alpha = 0.05$，$\mu = 2.1 \geqslant z_{0.05} = 1.645$，拒绝 H_0

$\alpha = 0.025$，$\mu = 2.1 \geqslant z_{0.025} = 1.96$，拒绝 H_0

$\alpha = 0.01$，$\mu = 2.1 < z_{0.01} = 2.33$，接受 H_0

$\alpha = 0.005$，$\mu = 2.1 < z_{0.005} = 2.58$，接受 H_0

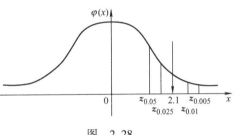

图 2.28

前面比较的是 $\mu = 2.1$ 和临界值的大小

由于 $p = P(U \geqslant 2.1) = 0.0179$，显然：由样本信息确定的 0.0179 是一个重要的值，换一个角度：比较 α 和 $p = P(U \geqslant 2.1) = 0.0179$.

当 α 以 0.0179 为基准做比较时：当 $\alpha < 0.0179$，$\mu = 2.1 < z_\alpha$，接受 H_0；当 $\alpha \geqslant 0.0179$，$\mu = 2.1 \geqslant z_\alpha$，拒绝 H_0.（见图 2.29）

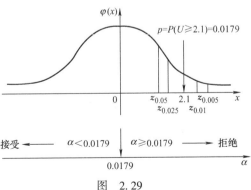

图 2.29

从以上分析可以看出，基本可以认为该厂生产的香烟尼古丁含量不符合标准.

课 后 练 习

1. 对数据 <居民储蓄调查数据.xls>，进行 SPSS 频数分析，分析被调查者的常住地址，职业和年龄分布情况，并绘制条形图.

2. 对数据 <居民储蓄调查数据.xls> 进行分析，从数据的集中趋势（样本均值），离散程度（样本标准差或样本方差）和分布形状（偏度系数和峰度系数）等角度，分析被调查者本次存款金额的基本特征；并与标准正态分布曲线进行对比.

3. 某公司经理宣称该公司雇员英语水平很高，如果以六级考试成绩参考，一般平均得分为 75 分，现从雇员中随机选 11 人参加英语六级考试，得分如下：
80，81，72，60，78，65，56，79，77，87，76
请问该经理的说法是否可信？

4. 根据数据 <住房状况.sav>，推断本市户口总体和外地户口总体的家庭收入是否显著差异？（显著性水平为 0.05）.

5. 比较两批电子器材的电阻，随机抽取的样本测量电阻如下表所示，试比较两批电子器材的电阻是否相同（提示：需考虑方差齐性问题）.

A 批	0.140	0.138	0.143	0.142	0.144	0.148	0.137
B 批	0.135	0.140	0.142	0.136	0.138	0.140	0.141

6. 将 <学生成绩一.sav> 和 <学生成绩二.sav> 以学号为关键变量合并为一个数据文件后，将这些数据看成来自总体分布的随机样本，试分析哪些课程的平均分差异不显著.

7. 将 <学生成绩一.sav> 和 <学生成绩二.sav> 以学号为关键变量合并为一个数据文件后，将这些数据看成来自总体分布的随机样本，试分析男生和女生的平均分是否存在显著差异.

第3章 SPSS的方差分析

3.1 方差分析概述

在科学实验中常常要探讨不同实验条件或处理方法对实验结果的影响．通常比较不同实验条件下样本均值间的差异．方差分析是从数据间的差异入手，分析哪些因素是影响数据差异的众多因素中的主要因素．在医学上研究几种药物对某种疾病的疗效；在农业上研究土壤、肥料、日照时间等因素对某种农作物产量的影响，不同饲料对牲畜体重增长的效果；在广告上研究广告形式、地区规模、选择栏目、播放时间段、播放频道对广告效果的影响．

一、方差分析相关概念

（1）观测因素：作为观测的对象，称为观测变量，如上述问题中的对某种疾病的疗效、农作物产量、牲畜体重增加、广告效果等；

（2）控制因素：影响观测变量的影响因素称为控制变量，如上述问题中的各种药物、土壤、肥料、日照时间、不同饲料、广告形式、地区规模、选择栏目等影响因素；

（3）控制变量的不同水平：控制变量的不同类别，如10kg化肥、20kg化肥、30kg化肥；电视广告、广播广告；小规模地区、中规模地区、大规模地区等．

方差分析从观测变量的方差入手，研究诸多控制变量中哪些变量对观测变量有明显的影响．

二、方差分析基本原理

方差分析认为观测变量值的变化受两类因素影响：

（1）控制因素不同水平所产生的影响是人为可以控制的因素．

（2）随机因素（随机变量）所产生的影响是人为很难控制的因素，主要指抽样误差．

从数据差异角度看：

（1）观测变量的数据差异 = 控制因素造成 + 随机因素造成

(2) 当控制因素的不同水平对观测变量有显著影响时，和随机因素共同作用必然使观测变量值产生显著变动；反之，观测变量的变动较小，可归结为由随机因素造成的.

判断原则：通过推断控制因素各水平下各观测变量总体的分布是否存在显著差异，分析控制因素是否给观测变量带来了显著影响，进而再对控制因素各个水平对观测变量影响的程度进行剖析.

方差分析对观测变量各总体分布的假设

(1) 观测变量各总体服从正态分布；

(2) 观测变量各总体的方差应相同.

方差分析对各总体分布是否存在显著差异的推断转化为对各总体均值是否存在显著差异的推断.

三、方差分析的类型

根据控制变量个数，将方差分析分为：

(1) 单因素方差分析：只考虑一个控制因素的影响.

(2) 多因素方差分析：考虑两个以上的控制因素和它们的交互作用对观测变量的影响.

(3) 协方差分析：在尽量排除其他因素的影响下，分析单个或多个控制因素对观测变量的影响（引入协变量）.

3.2 单因素方差分析

一、单因素方差分析概述

(1) 目的：检验某一个控制因素的改变是否会给观察变量带来显著影响.

单因素方差分析的应用面很广（科学试验，管理及经济问题）例如：

分析不同促销手段对发展客户数量是否有显著影响

分析不同学历是否对工资收入产生显著影响

分析不同激励方法对员工的业绩提高是否有显著差异

分析不同施肥量对农作物产量是否带来显著

(2) 单因素方差分析的数学模型

设控制变量 A 有 k 个水平，每个水平均有 r 个样本（r 次试验），那么，在水平 A_i 下的第 j 次试验的样本值 x_{ij} 可以定义为

$$x_{ij} = u_i + \varepsilon_{ij}(i=1,2,\cdots,k; j=1,2,\cdots,r)$$

其中 u_i 为水平 A_i 下的理论指标值，ε_{ij} 为抽样误差.

令 $u = \dfrac{1}{k}\sum\limits_{i=1}^{k} u_i$，$a_i = u_i - u(i=1,2,\cdots,k)$ 且 $\sum\limits_{i=1}^{k} a_i = 0$

u 为观测变量总的理论指标值；a_i 为控制变量水平 A_i 对观测变量产生的效应.

$x_{ij} = u + a_i + \varepsilon_{ij}(i=1,2,\cdots,k; j=1,2,\cdots,r)$ 是一个线性模型，其中：

u 的无偏估计：$\hat{u} = \bar{x}$

a_i 的无偏估计：$\hat{a}_i = \bar{x}_i - \bar{x}$

ε_{ij} 是服从正态分布 $N(0, \sigma^2)$ 的独立随机变量

如果 A 对观测变量没有影响，则各水平效应 a_i 均为 0，否则应不全为 0.
单因素方差分析正是对控制变量 A 的所有效应是否同时为 0 进行推断.

（3）单因素方差分析基本步骤

① 提出原假设

原假设 H_0：控制变量不同水平下观测变量各总体的均值无显著差异，即 $a_1 = a_2 = \cdots = a_k = 0$

② 选择检验统计量

$$F = \frac{\mathrm{SSA}/(k-1)}{\mathrm{SSE}/(n-k)} = \frac{\mathrm{MSA}}{\mathrm{MSE}} \sim F(k-1, n-k)$$

③ 计算检验统计量的观测值和概率 P 值

如果控制变量对观测变量造成显著影响，F 值显著大于 1；反之，F 值接近 1.

④ 给定显著性水平 α，并作出决策

二、单因素方差分析的应用举例

利用＜广告地区与销售额.sav＞，分析广告形式和地区差异是否对商品销售额产生影响.

解：操作步骤：分析→比较均值→单因素 ANOVA（见图 3.1）→将销售额加入因变量列表（见图 3.2）→广告形式和地区加入因子列表（见图 3.3）→确定

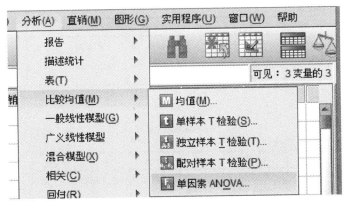

图 3.1

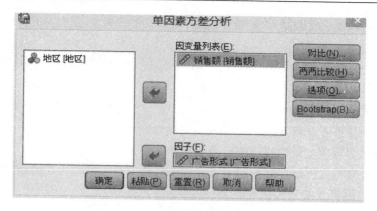

图 3.2

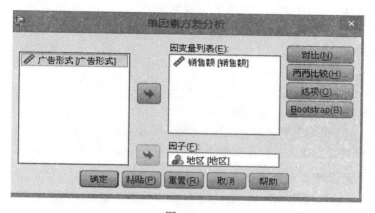

图 3.3

结果：见图 3.4.

单因素方差分析

销售额

	平方和	df	均方	F	显著性
组间	5866.083	3	1955.361	13.483	.000
组内	20303.222	140	145.023		
总数	26169.306	143			

单因素方差分析

销售额

	平方和	df	均方	F	显著性
组间	9265.306	17	545.018	4.062	.000
组内	16904.000	126	134.159		
总数	26169.306	143			

图 3.4

三、单因素方差分析的进一步分析

（1）方差齐性检验

控制变量不同水平下各观测变量总方差是否相等进行分析，采用方差同质性（homogeneity of variance）检验方法，原假设 H_0：各水平下各观测变量总方差无显著差异，实现思路同两独立样本 T 检验中的方差检验.

（2）单因素方差分析进一步分析应用举例

利用单因素方差分析分别对广告形式，地区对销售额的影响进行分析. 分析的结论是不同广告形式、不同地区对某产品的销售额有显著影响. 进一步研究，哪种广告形式的作用较明显，哪种不明显，以及地区和销售额之间的关系.

解：操作步骤：分析→比较均值→单因素 ANOVA（见图 3.5）→将销售额加入因变量列表（见图 3.6）→广告形式和地区加入因子列表→选项（见图 3.7）→继续→确定

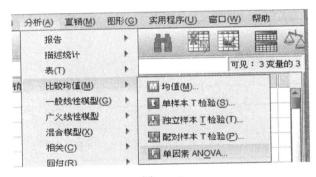

图 3.5

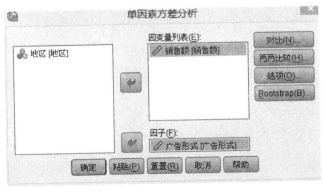

图 3.6

图 3.7

结果：见图 3.8.

描述

销售额

	N	均值	标准差	标准误	均值的 95% 置信区间		极小值	极大值
					下限	上限		
报纸	36	73.2222	9.73392	1.62232	69.9287	76.5157	54.00	94.00
广播	36	70.8889	12.96760	2.16127	66.5013	75.2765	33.00	100.00
宣传品	36	56.5556	11.61881	1.93647	52.6243	60.4868	33.00	86.00
体验	36	66.6111	13.49768	2.24961	62.0442	71.1781	37.00	87.00
总数	144	66.8194	13.52783	1.12732	64.5911	69.0478	33.00	100.00

方差齐性检验

销售额

Levene 统计量	df1	df2	显著性
.765	3	140	.515

单因素方差分析

销售额

	平方和	df	均方	F	显著性
组间	5866.083	3	1955.361	13.483	.000
组内	20303.222	140	145.023		
总数	26169.306	143			

图 3.8

四、多重比较检验

（1）目的：如果各总体均值存在差异，F 检验不能说明哪个水平造成了观察变量的显著差异．多重比较将对每个水平的均值逐对进行比较检验．

（2）原假设 H_0：相应水平下观测变量的均值间不存在显著差异

（3）核心任务：构造统计量

（4）LSD（Least Significant Difference）最小显著性差异法

$$t = \frac{\bar{x}_i - \bar{x}_j - (\mu_i - \mu_j)}{\sqrt{MSE\left(\frac{1}{n_i} + \frac{1}{n_j}\right)}} \sim t(n-k), \text{其中 } n \text{ 为总样本数}$$

特点：利用了全部观测变量值，而不仅是所比较的两组数据，且认为各总体方差相等；与其他方法相比，其检验敏感度最高（即 P 值较小）；但仍然存在放大犯一类错误的问题；当有明确对照组时适用．

(5) B（Bonferroni）方法：与 LSD 方法基本相同

特点：对犯一类错误的概率进行了控制；在每一次两两组的检验中，将显著性水平 α 除以两两检验的总次数 N（即 α/N）；显著性水平缩小为原来的 $1/N$；两总体均值差的置信区间为

$$(\bar{x}_i - \bar{x}_j) \pm t_{\frac{\alpha}{2n}}(n-k)\sqrt{\mathrm{MSE}\left(\frac{1}{n_i} + \frac{1}{n_j}\right)}$$

(6) T（Tukey）方法

$$t = \frac{(\bar{x}_i - \bar{x}_j) - (\mu_i - \mu_j)}{\sqrt{\frac{\mathrm{MSE}}{r}}} \sim q(k, n-k)，其中 r 为各水平观测的个数$$

特点：利用了全部样本数据，而不仅是所比较的两组的数据，且认为各总体差的情况；对犯一类错误概率的问题给予了较为有效处理，但不如 LSD 方法敏感；适用于各水平下观测值的个数相同的情况．

(7) S（Scheffe）方法

$$S = \frac{(\bar{x}_i - \bar{x}_j)^2}{2(k-1)\frac{\mathrm{MSE}}{r}} \sim F(k-1, n-k)$$

特点：利用了全部样本数据，而不仅是所比较的两组的数据；不如 T 方法敏感．

(8) S‐N‐K（Student‐Newman‐Keul）方法：帮助对各水平进行重新分组，有效划分相似性子集的方法

基本思路：

第一步：确定显著性水平 α，依据 LSD 方法计算临界值 d_t

$$d_t = t_{\frac{\alpha}{2}}(n-k)\sqrt{\frac{2\mathrm{MSE}}{r}}$$

第二步：将各水平均值按升序排序，计算相邻两水平均值差并与 d_t 比较．如果小于 d_t 就为一个相似子集，否则划分为不同的两个子集．

第三步：在第二步中，如果每组都不超过两个水平，则相似子集划分结束；否则进行第四步的分析．

第四步：分析超过两个水平的子集

$$d_l = \max_{1 \leq i \leq l}\{|\bar{x}_i - \bar{x}_l|\}$$

其中：$\bar{x}_l$ 为该组 l 个水平均值的均值．

特点：S‐N‐K 法考察 d_l 对应的水平是否可保留在该子集中．如果可以保留则结束，否则将相应的水平从子集中剔出，对剩余的子集中的均值再次按上

述标准进行考察，直至没有一个水平能剔出为止；适合各水平观测值个数相同的情况；运用最广，适用于两两比较次数较少的情况，否则也会很大程度放大一类错误.

继续分析广告形式对销售额的影响.

操作步骤：操作步骤：分析→比较均值→单因素 ANOVA→将销售额加入因变量列表→广告形式和地区加入因子列表（见图 3.9）→两两比较（见图 3.10）→继续→确定

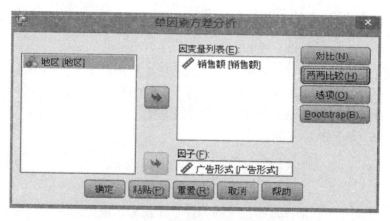

图 3.9

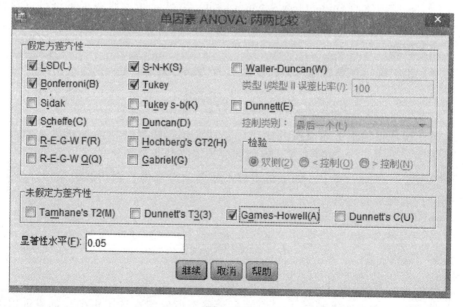

图 3.10

结果：见图 3.11.

多重比较

因变量：销售额

	(I) 广告形式	(J) 广告形式	均值差 (I-J)	标准误	显著性	95% 置信区间	
						下限	上限
Tukey HSD	报纸	广播	2.33333	2.83846	.844	-5.0471	9.7138
		宣传品	16.66667*	2.83846	.000	9.2862	24.0471
		体验	6.61111	2.83846	.096	-.7693	13.9915
	广播	报纸	-2.33333	2.83846	.844	-9.7138	5.0471
		宣传品	14.33333*	2.83846	.000	6.9529	21.7138
		体验	4.27778	2.83846	.436	-3.1027	11.6582
	宣传品	报纸	-16.66667*	2.83846	.000	-24.0471	-9.2862
		广播	-14.33333*	2.83846	.000	-21.7138	-6.9529
		体验	-10.05556*	2.83846	.003	-17.4360	-2.6751
	体验	报纸	-6.61111	2.83846	.096	-13.9915	.7693
		广播	-4.27778	2.83846	.436	-11.6582	3.1027
		宣传品	10.05556*	2.83846	.003	2.6751	17.4360
Scheffe	报纸	广播	2.33333	2.83846	.879	-5.6989	10.3656
		宣传品	16.66667*	2.83846	.000	8.6344	24.6989
		体验	6.61111	2.83846	.148	-1.4212	14.6434
	广播	报纸	-2.33333	2.83846	.879	-10.3656	5.6989
		宣传品	14.33333*	2.83846	.000	6.3011	22.3656
		体验	4.27778	2.83846	.520	-3.7545	12.3100
	宣传品	报纸	-16.66667*	2.83846	.000	-24.6989	-8.6344
		广播	-14.33333*	2.83846	.000	-22.3656	-6.3011
		体验	-10.05556*	2.83846	.007	-18.0878	-2.0233

图 3.11

3.3 多因素方差分析

一、多因素方差分析概述

（1）多因素方差分析目的

多因素方差分析不仅能够分析多个因素对观测变量的独立影响，更能够分析多个控制因素的交互作用能否对观测变量的分布产生显著影响，进而最终找到利于观测变量的最优组合.

例如：分析不同品种、不同施肥量对农作物产量的影响时，可以将农作物产量作为观测变量，品种和施肥量作为控制变量. 利用多因素方差分析，研究不同品种、不同施肥量是如何影响农作物产量的，并进一步研究哪种品种与哪种水平的施肥量是提高农作物产量的最优组合.

(2) 多因素方差分析基本思路

① 确定观测变量和若干控制变量.

② 剖析观测变量的方差：在多因素方差分析中，观测变量值的变动会受到三个方面的影响：控制变量独立作用的影响；控制变量交互作用的影响；随机因素的影响，主要指抽样误差带来的影响.

③ 比较观测变量总离差平方和各部分所占的比例.

(3) 观测变量的总离差分解

两个控制变量：SST = SSA + SSB + SSAB + SSE

SST 为观测变量总变差；SSA，SSB 分别为控制变量 A，B 独立作用引起的变差；SSAB 为控制变量 A，B 两两交互作用引起的变差；SSE 为随机因素引起的变差.

A 有 p 个水平，B 有 q 个水平，A 第 i 个水平和 B 第 j 个水平下的样本数为 n_{ij}

$$\text{SST} = \sum_{i=1}^{p}\sum_{j=1}^{q}\sum_{k=1}^{n_{ij}}(x_{ijk}-\bar{x})^2, \quad \text{SSB} = \sum_{i=1}^{q}\sum_{j=1}^{p}n_{ij}(\bar{x}_i^B-\bar{x})^2$$

$$\text{SSA} = \sum_{i=1}^{p}\sum_{j=1}^{q}n_{ij}(\bar{x}_i^A-\bar{x})^2, \quad \text{SSE} = \sum_{i=1}^{p}\sum_{j=1}^{q}\sum_{k=1}^{n_{ij}}(x_{ijk}-\bar{x}_{ij})^2$$

$$\text{SSAB} = \text{SST} - \text{SSA} - \text{SSB} - \text{SSE}$$

(4) 交互作用的理解

交互作用：两个或多个控制变量各水平之间搭配时对观察变量的影响.（见图 3.12）

例如：饮食习惯、适量运动对减肥的作用；城市规模和广告类型对广告效果的影响.

有无交互作用的图形如图 3.12 所示.

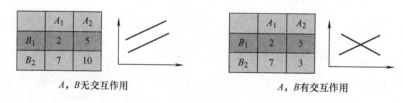

图 3.12

(5) 多因素方差分析的数学模型

多因素方差分析的核心内容是检验在不同控制变量的不同交叉水平下，各交叉分组下样本数据所代表的总体均值有无显著差异.

样本值定义为：

$$x_{ijk} = \mu + a_i + b_j + (ab)_{ij} + \varepsilon_{ijk}$$

上式是多因素方差分析的饱和模型（Full Factorial），是一个线性模型.

μ 的无偏差估计：$\hat{\mu} = \bar{x}$

a_i 的无偏差估计：$\hat{a}_i = \bar{x}_i^A - \bar{x}$，$b_i$ 的无偏差估计：$\hat{b}_i = \bar{x}_i^B - \bar{x}$

$(\hat{ab})_{ij}$ 的无偏差估计：$(\hat{ab})_{ij} = \bar{x}_{ij} - \bar{x}_i^A - \bar{x}_j^B + \bar{x}$

ε_{ij} 是服从正态分布 $N(0,\sigma^2)$ 的独立随机变量

（6）多因素方差分析的基本步骤

方差分析问题属于推断统计中的假设检验问题.

① 提出原假设：

H_0：各控制变量不同水平下观测变量各总体的均值无显著差异，交叉水平下的总体均值均无显著差异，记为：

$$a_i = 0;\ b_i = 0;\ (ab)_{ij} = 0\ (i=1,2,\cdots,p;\ j=1,2,\cdots,q)$$

② 选择检验统计量：采用 F 统计量

③ 计算检验统计量观测值和概率 p 值

④ 给出显著性水平 α，并作出决策

（7）控制变量的划分

多因素方差分析中，控制变量可进一步划分为：

① 固定效应：控制变量的各个水平是可以严格控制的，它们给观测变量带来的影响是固定的，如：资费、温度、品种等；

② 随机效应：控制变量的各个水平无法作严格的控制，它们给观测变量带来的影响是随机的，如：话费水平、收入水平等.

一般区分固定效应和随机效应是比较困难的，固定效应模型和随机效应模型的主要差别体现在检验统计量的构造方面.

（8）F 检验统计量

A，B 两个控制变量，对应三个 F 检验统计量：

① 固定效应模型中：

$$F_A = \frac{\text{SSA}/(p-1)}{\text{SSE}/pq(r-1)} = \frac{\text{MSA}}{\text{MSE}}$$

$$F_B = \frac{\text{SSB}/(q-1)}{\text{SSE}/pq(r-1)} = \frac{\text{MSB}}{\text{MSE}}$$

$$F_{AB} = \frac{\text{SSAB}/(p-1)(q-1)}{\text{SSE}/pq(r-1)} = \frac{\text{MSAB}}{\text{MSE}}$$

② 随机效应模型中：

$$F_A = \frac{\text{SSA}/(p-1)}{\text{SSAB}/(p-1)(q-1)} = \frac{\text{MSA}}{\text{MSAB}}$$

$$F_B = \frac{\text{SSB}/(q-1)}{\text{SSAB}/(p-1)(q-1)} = \frac{\text{MSB}}{\text{MSAB}}$$

二、多因素方差分析应用举例

利用<广告地区与销售额.sav>,对广告形式、地区以及广告形式和地区的交互作用是否对商品销售额产生影响进行分析.

解：操作步骤：分析→一般线性模型→单变量（见图3.13）→将销售额加入因变量列表→广告形式和地区加入固定因子列表（见图3.14）→确定

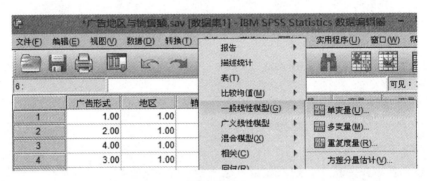

图 3.13

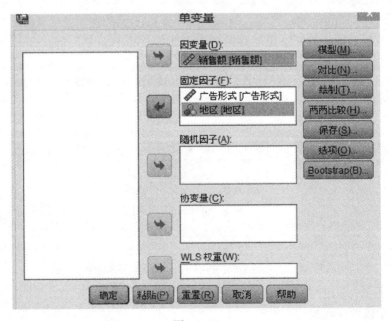

图 3.14

结果：见图 3.15：

主体间效应的检验

因变量： 销售额

源	III 型平方和	df	均方	F	Sig.
校正模型	20094.306a	71	283.018	3.354	.000
截距	642936.694	1	642936.694	7619.990	.000
广告形式	5866.083	3	1955.361	23.175	.000
地区	9265.306	17	545.018	6.459	.000
广告形式 * 地区	4962.917	51	97.312	1.153	.286
误差	6075.000	72	84.375		
总计	669106.000	144			
校正的总计	26169.306	143			

a. R 方 = .768（调整 R 方 = .539）

图 3.15

三、多因素方差分析的进一步分析

（1）多因素方差分析的非饱和模型，非饱和模型是相对饱和模型而言的。如果控制变量的某阶交互作用没有给观测变量带来显著影响，那么可以尝试建立非饱和模型。

非饱和模型是将其中某些部分合并到 SSE 中。

两因素的非饱和模型

$$SST = SSA + SSB + SSE$$

三因素的二阶非饱和模型

$$SST = SSA + SSB + SSC + SSAB + SSAC + SSBC + SSE$$
$$SST = SSA + SSB + SSC + SSAB + SSE$$
$$SST = SSA + SSB + SSC + SSAC + SSE$$

（2）多因素方差分析的均值检验

对各控制变量不同水平下观测变量的均值是否存在显著差异进行比较，实现方式有多重比较检验（Post Hoc）和对比检验（Contrast）。

对比检验采用单样本 T 检验的方法，检验控制变量不同水平下的观测变量的均值是否与某个指定的检验值存在显著差异。

检验值的指定包括观测变量的均值（Deviation）、第一水平或最后一个水平上观测变量均值（Simple）、前一个水平上观测变量的均值（Difference）、后一个水平上观测变量的均值（Helmert）。

（3）控制变量交互作用的图形分析

如果控制变量之间无交互作用，各水平对应的直线式近于平行的；如果控制变量之间有交互作用，各水平对应的直线会相互交叉。

(4) 多因素方差分析应用举例

在上一个案例中,已对广告形式、地区对销售的影响进行了多因素方差分析,建立了饱和模型.由分析可知:广告形式与地区的交互作用不显著,现进一步尝试建立非饱和模型,并进行均值比较分析、交互作用的图形分析.

解:操作步骤:分析→一般线性模型→单变量(见图 3.16)→将销售额加入因变量列表→广告形式和地区加入固定因子列表(见图 3.17)→模型(见图 3.18)→继续→确定

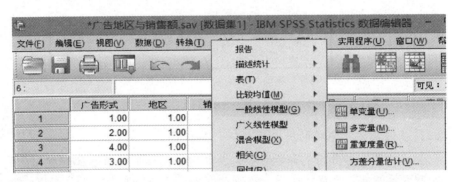

图 3.16

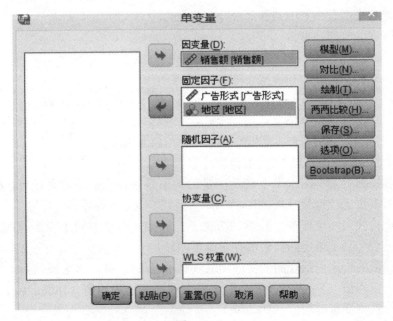

图 3.17

图 3.18

结果：见图 3.19.

主体间效应的检验

因变量： 销售额

源	IV 型平方和	df	均方	F	Sig.
校正模型	15131.389ᵃ	20	756.569	8.431	.000
截距	642936.694	1	642936.694	7164.505	.000
广告形式	5866.083	3	1955.361	21.789	.000
地区	9265.306	17	545.018	6.073	.000
误差	11037.917	123	89.739		
总计	669106.000	144			
校正的总计	26169.306	143			

a. R 方 = .578（调整 R 方 = .510）

图 3.19

（5）均值比较分析

操作步骤：分析→一般线性模型→单变量→将销售额加入因变量列表→广告形式和地区加入固定因子列表→两两比较（见图 3.20)→继续→确定

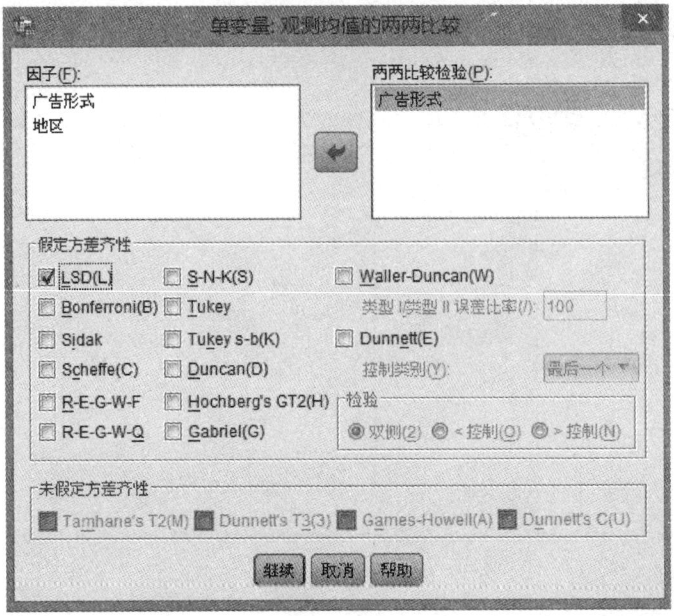

图 3.20

结果：见图 3.21.

多个比较

因变量： 销售额

LSD

(I) 广告形式	(J) 广告形式	均值差值 (I-J)	标准 误差	Sig.	95% 置信区间	
					下限	上限
报纸	广播	2.3333	2.23283	.298	-2.0864	6.7531
	宣传品	16.6667*	2.23283	.000	12.2469	21.0864
	体验	6.6111*	2.23283	.004	2.1914	11.0309
广播	报纸	-2.3333	2.23283	.298	-6.7531	2.0864
	宣传品	14.3333*	2.23283	.000	9.9136	18.7531
	体验	4.2778	2.23283	.058	-.1420	8.6975
宣传品	报纸	-16.6667*	2.23283	.000	-21.0864	-12.2469
	广播	-14.3333*	2.23283	.000	-18.7531	-9.9136
	体验	-10.0556*	2.23283	.000	-14.4753	-5.6358
体验	报纸	-6.6111*	2.23283	.004	-11.0309	-2.1914
	广播	-4.2778	2.23283	.058	-8.6975	.1420
	宣传品	10.0556*	2.23283	.000	5.6358	14.4753

基于观测到的均值.
  误差项为均值方（错误）= 89.739.
  *. 均值差值在 0.05 级别上较显著.

图 3.21

(6) 交互作用图形分析

操作步骤：分析→一般线性模型→单变量→将销售额加入因变量列表→广告形式和地区加入固定因子列表（见图 3.22）→对比→继续→确定

图 3.22

结果：见图 3.23、图 3.24.

对比结果（K 矩阵）

广告形式 偏差对比ᵃ			因变量
			销售额
级别 1 和均值	对比估算值		6.403
	假设值		0
	差分（估计 - 假设）		6.403
	标准 误差		1.367
	Sig.		.000
	差分的 95% 置信区间	下限	3.696
		上限	9.109
级别 2 和均值	对比估算值		4.069
	假设值		0
	差分（估计 - 假设）		4.069
	标准 误差		1.367
	Sig.		.004
	差分的 95% 置信区间	下限	1.363
		上限	6.776
级别 3 和均值	对比估算值		-10.264
	假设值		0
	差分（估计 - 假设）		-10.264
	标准 误差		1.367
	Sig.		.000
	差分的 95% 置信区间	下限	-12.970

图 3.23

检验结果

因变量：　销售额

源	平方和	df	均方	F	Sig.
对比	5866.083	3	1955.361	21.789	.000
误差	11037.917	123	89.739		

图 3.24

(7) 交互作用图形分析

操作步骤：分析→一般线性模型→单变量→将销售额加入因变量列表→广告形式和地区加入固定因子列表（图3.25）→绘制→继续→确定

图 3.25

结果：见图3.26.

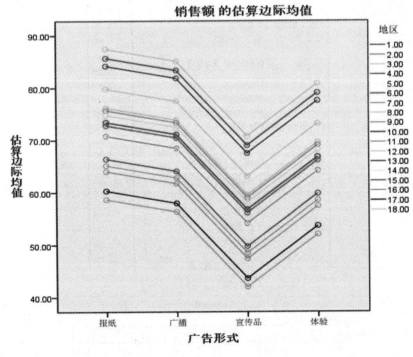

图 3.26

课后练习

1. 入户推销有五种方法．某大公司想比较这五种方法有无显著的效果差异，设计了一项实验．从尚无推销经验的应聘人员中随机挑选一部分，并随机地将他们分为五个组，每组用一种推销方法培训．一段时期后得到他们在一个月内的推销销售额，数据如表 3.1 所示：

表 3.1

第一组	20	16.8	17.9	21.2	23.9	26.8	22.4
第二组	24.9	21.3	22.6	30.2	29.9	22.5	20.7
第三组	16	20.1	17.3	20.9	22	26.8	20.8
第四组	17.5	18.2	20.2	17.7	19.1	18.4	16.5
第五组	25.2	26.2	26.9	29.3	30.4	29.7	28.2

（1）利用单因素方差分析方法分析这五种推销方式是否存在显著差异．
（2）绘制各组的均值对比图，并利用 LSD 方法进行多重比较检验．

2. 一家汽车厂设计出 3 种型号的手刹，现欲比较它们与传统手刹的寿命差异．分别在传统手刹，型号Ⅰ、Ⅱ和型号Ⅲ中随机选取了 5 个样品，在相同的试验条件下，测量其使用寿命（单位：月），结果如下：

传统手刹：21.2　　13.4　　17.0　　15.2　　12.0
型号Ⅰ：　21.4　　12.0　　15.0　　18.9　　24.5
型号Ⅱ：　15.2　　19.1　　14.2　　16.5　　24.5
型号Ⅲ：　38.7　　35.8　　39.3　　32.2　　29.6

（1）各种型号手刹使用寿命间有无差别？
（2）厂家的研究人员在研究设计阶段，便关心型号Ⅲ与传统手刹寿命的比较结果．此时应当考虑什么样的分析方法？如何使用 SPSS 实现？
（3）如果方差分析拒绝了 H_0，会考虑多重比较么？试用多重比较进行分析．

3. 为研究某商品在不同地区和不同日期的销售差异性，调查收集了日常平均销售量数据，如表 3.2 所示．

表 3.2

销售量	日 期		
	周一～周三	周四～周五	周末
地区一	5000	6000	4000
	6000	8000	3000
	4000	7000	5000

(续)

销售量	日期		
	周一～周三	周四～周五	周末
地区二	7000	5000	5000
	8000	5000	6000
	8000	6000	4000
地区三	3000	6000	8000
	2000	6000	9000
	4000	5000	6000

（1）选择恰当的数据组织方式建立关于上述数据的 SPSS 数据文件．

（2）利用多因素方差分析方法，分析不同地区和不同日期对该商品的销售是否产生了显著影响．

4. 研究者想调查性别（1 为女，2 为男）和使用手机（1 使用，2 不使用）对驾驶状态的影响．用 0～50 分测度驾驶状态，分数越高，驾驶状态越好．数据如表 3.3 所示．

表 3.3

性别	使用手机	得分	性别	使用手机	得分
1	1	34	2	1	35
1	1	29	2	1	32
1	1	38	2	1	27
1	1	34	2	1	26
1	1	33	2	1	37
1	1	30	2	1	24
1	2	45	2	2	48
1	2	44	2	2	47
1	2	46	2	2	40
1	2	42	2	2	46
1	2	47	2	2	50
1	2	40	2	2	39

请问：性别和是否使用手机对驾驶状态有影响吗？如果有影响，影响效应是多少？

第4章 SPSS的相关分析与回归分析

4.1 相关分析

相关分析是分析客观事物之间关系的数量分析方法,明确客观事物之间有怎样的关系对理解和运用相关分析是极为重要的.

4.1.1 相关分析概述

一、相关分析分析事物间关系的种类

(1) 函数关系

指两事物之间的一一对应的关系,如商品的销售额和销售量之间的关系.

(2) 统计关系

指两事物之间的一种非一一对应的关系,例如家庭收入和支出、子女身高和父母身高之间的关系等.

统计关系包括线性相关(正线性相关、负线性相关)和非线性相关.

相关分析和回归分析都是测度客观事物之间统计关系的分析方法.

事物之间的统计关系普遍存在,有的关系强,有的关系弱.相关分析有效地揭示事物之间相关关系的强弱程度和方向.

二、相关分析常用方法

(1) 绘制散点图
(2) 计算相关系数

4.1.2 绘制散点图

一、特点

绘制散点图是相关分析过程中极为常用且非常直观的分析方式,它将数据以点的形式画在直角坐标系上,通过观察散点图能够直观的发现变量间的相关关系及它们的强弱程度和方向.(见图4.1)

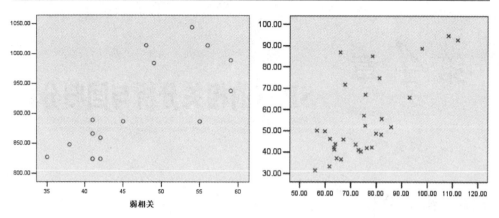

图 4.1

二、SPSS 散点图

进行相关分析时一般首先利用散点图进行初步分析.

绘制散点图前,先将数据按一定的方式组织:每个变量设置为相应的 SPSS 变量.

SPSS 绘制散点图的基本操作:图形→旧对话框→散点图(见图 4.2 和图 4.3)

(1) 重叠散点图(Overlay):表示多个变量间统计关系的散点图.(见图 4.4 和图 4.5)

注:两个变量为一对,指定绘制哪些变量间的散点图.

图 4.2

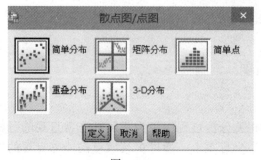

图 4.3

第4章 SPSS的相关分析与回归分析

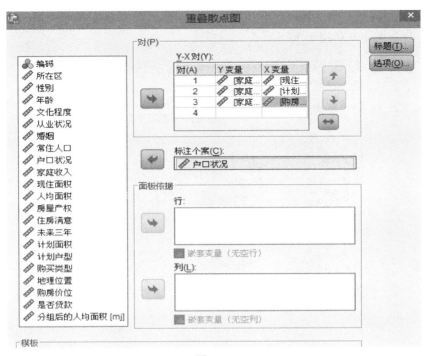

图 4.4

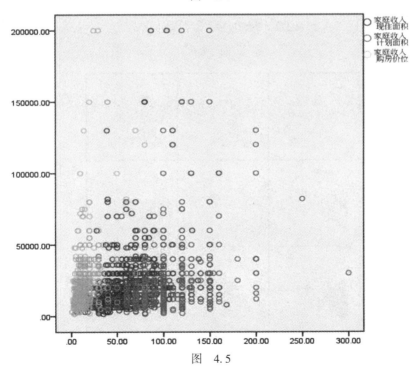

图 4.5

147

(2) 矩阵散点图 (Matrix): 以方形矩阵的形式分别显示多对变量间的统计关系. (见图 4.6 和图 4.7)

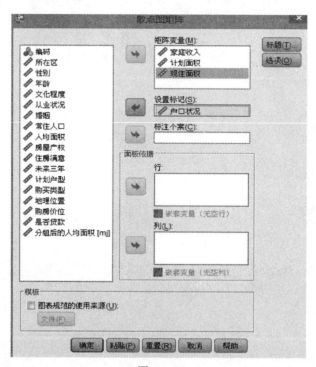

图 4.6

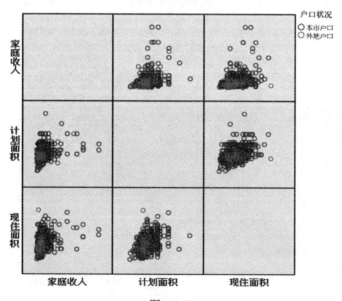

图 4.7

关键：弄清各矩阵单元中的横坐标.

例如，一个 3×3 矩阵散点图，见表 4.1. 对角线的格子显示参与绘图的变量名称，在非对角线格子里，括号中前一个变量为纵轴变量，后一个变量为横轴变量.

表 4.1

x_1	(x_1, x_2)	(x_1, x_3)
(x_2, x_1)	x_2	(x_2, x_3)
(x_3, x_1)	(x_3, x_2)	x_3

（3）三维散点图（3-D）（见图 4.8 和图 4.9）

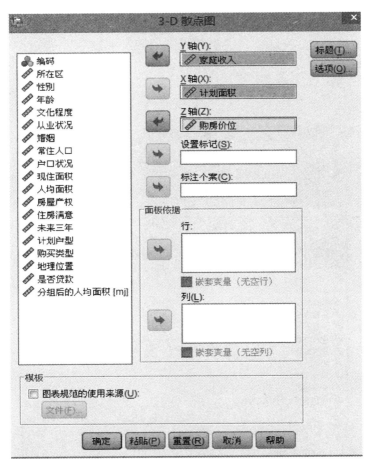

图 4.8

（4）简单散点图（见图 4.10 和图 4.11）

三、散点图进一步分析

进一步分析的目标是得到能够代表数据对主要结构和特征的"棒状".

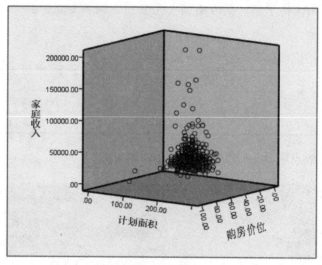

图 4.9

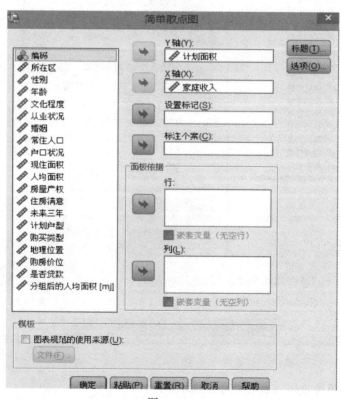

图 4.10

第4章 SPSS的相关分析与回归分析

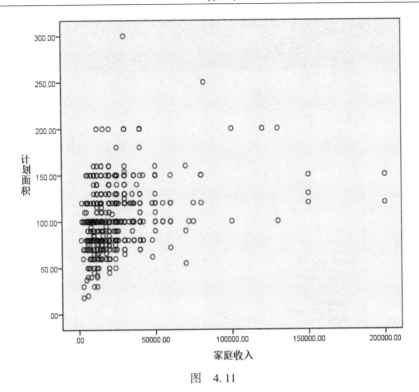

图 4.11

在 SPSS 输出窗口中双击图形空白处进入图形编辑窗口.

基本步骤：元素→总计拟合线（见图 4.12 和图 4.13，图 4.14）

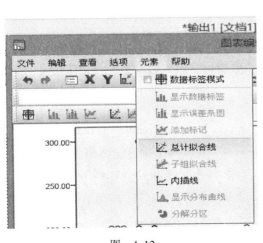

图 4.12

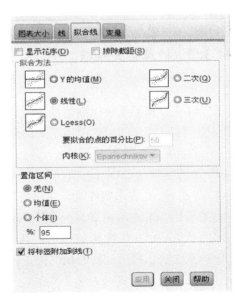

图 4.13

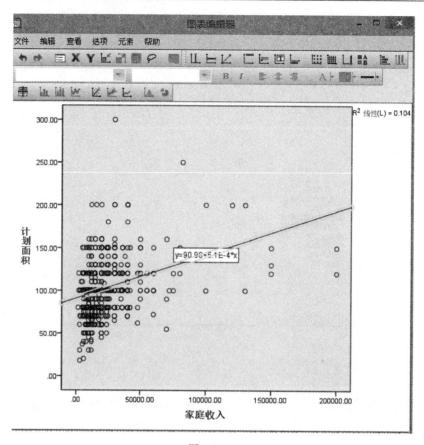

图 4.14

4.1.3 计算相关系数

一、相关系数的特点

特点：相关系数以数值的方式很精确地反映了两个变量间线性相关的强弱程度，不同类型的变量采用不同的相关系数指标，但取值范围和含义都相同．

r 的取值范围和含义：

(1) r 取值范围 $[-1,1]$．

(2) $r>0$ 表示两变量存在正线性相关关系；$r<0$ 表示两变量存在负线性相关关系；$r=1$ 表示两变量完全正相关；$r=-1$ 表示两变量完全负相关；$r=0$ 表示两变量不存在线性相关关系；$|r|>0.8$ 表示两变量间具有较强的线性关系；$|r|<0.3$ 表示两变量间的线性关系较弱．

二、相关系数的种类

对不同类型的变量应采用不同的相关系数来度量，常用的相关系数主要有：

Pearson 简单相关系数,Spearman 等级相关系数,Kendall τ相关系数. 不同类型变量采用何种相关系数见表 4.2.

表 4.2

	定 类	定 序	定 距
定类	卡方类检验	卡方类检验	Kendall τ系数
定序		Spearman 系数	Spearman 系数
定距			Pearson 系数

(1) Pearson 简单相关系数

度量定距型变量间的线性相关关系

$$r = \frac{\sum_{i=1}^{n}(x_i - \bar{x})(y_i - \bar{y})}{\sqrt{\sum_{i=1}^{n}(x_i - \bar{x})^2 \sum_{i=1}^{n}(y_i - \bar{y})^2}} = \frac{1}{n}\sum_{i=1}^{n}\left(\frac{x_i - \bar{x}}{s_x}\right)\left(\frac{y_i - \bar{y}}{s_y}\right)$$

注:① x 与 y 的 Pearson 简单相关系数等同于 y 与 x 的 Pearson 简单相关系数.

② Pearson 简单相关系数无量纲.

③ x,y 作线性变换后可能会改变 Pearson 简单相关系数的符号,但不会改变系数的值.

④ Pearson 简单相关系数是度量两变量的线性关系的,不是度量非线性关系的有效工具.

检验统计量用 T 统计量

$$T = \frac{r\sqrt{n-2}}{\sqrt{1-r^2}} \sim t(n-2)$$

(2) Spearman 等级相关系数

Spearman 等级相关系数是采用非参数检验度量定序、定类型变量间的线性相关关系.

Spearman 等级相关系数的设计思想与 Pearson 简单相关系数相同,只是计算时使用数据的秩,用两变量的秩 (U_i, V_i) 代替 (x_i, y_i) 代入 Pearson 简单相关系数计算公式.

(U_i, V_i) 在 $1 \sim n$ 之间取值,所以

$$r = 1 - \frac{6\sum_{i=1}^{n}D_i^2}{n(n^2 - 1)}, D_i = U_i - V_i$$

注:① 如果两变量的正相关性较强,它们秩的变化具有同步性,那么

$\sum_{i=1}^{n} D_i^2$ 的值较小, r 趋于 1.

② 如果两变量的正相关性较弱,它们秩的变化不具有同步性,那么 $\sum_{i=1}^{n} D_i^2$ 的值较大, r 趋于 0.

③ 如果两变量完全正线性相关时 (U_i, V_i), $r = 1$;当两变量完全负相关时 $U_i + V_i = n + 1$, $r = -1$.

小样本下,原假设成立时 Spearman 等级相关系数服从 Spearman 分布;

大样本下,检验统计量为 Z 统计量 $Z = r\sqrt{n-1}$.

(3) Kendall τ 相关系数

采用非参数检验方法度量定序变量间的线性相关关系.

利用变量秩数据计算一致对数目 (U) 和非一致对数目 (V)

表 4.3

求秩后	x	2 4 3 5 1
	y	3 4 1 5 2
对 x 秩升序排序后	x	1 2 3 4 5
	y	2 3 1 4 5
一致对		(2, 3), (2, 4), (2, 5), (3, 4), (3, 5), (4, 5), (1, 4), (1, 5)
非一致对		(2, 1), (3, 1)

$$U = \sum_{i=1}^{n} \sum_{j>i} (d_j > d_i), \quad V = \sum_{i=1}^{n} \sum_{j>i} (d_j > d_i)$$

注:当两个变量具有较强的正相关关系时,则一致对数目 U 较大,非一致对数目 V 较小;当两个变量具有较强的负相关关系,则一致对数目 U 较小,非一致对数目 V 较大;当两个变量相关性较弱,则一致对数目和非一致对数目大致相等.

Kendall τ 统计量:

$$\tau = (U - V)\frac{2}{n(n-1)}$$

小样本下 τ 服从 Kendall 分布.

大样本下采用的检验统计量

$$Z = \tau \sqrt{\frac{9n(n-1)}{2(2n+5)}}$$

三、相关系数应用举例

利用 <住房情况调查.sav>,通过绘制散点图得知家庭收入与计划购买的住房面积之间存在一定的正的弱相关关系,采用计算相关系数的方法更准确地反映两者之间的线性关系强弱.

解:操作步骤:分析→相关→双变量(见图4.15)→将家庭收入和计划面积加入变量列表(见图4.16)→确定

结果:见图4.17.

拒绝原假设,认为两总体不是零相关的:

** 表显著性水平 α 为 0.01 时仍拒绝原假设;

* 表显著性水平 α 为 0.05 时可拒绝原假设.

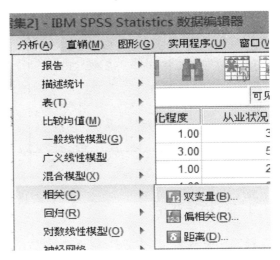

图 4.15

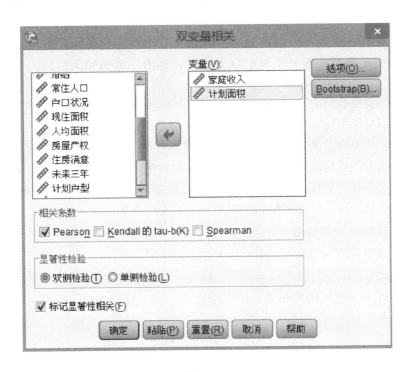

图 4.16

相关性		家庭收入	计划面积
家庭收入	Pearson 相关性	1	.323**
	显著性（双侧）		.000
	N	2993	832
计划面积	Pearson 相关性	.323**	1
	显著性（双侧）	.000	
	N	832	832

**. 在 .01 水平（双侧）上显著相关.

图 4.17

4.1.4 偏相关分析

一、相关概念

偏相关分析也称净相关分析，它在控制其他变量的线性影响的条件下分析两变量间的线性相关性，采用的工具是偏相关系数．当进行相关分析的两个变量的取值都受到其他变量的影响时，就可以利用偏相关分析对其他变量进行控制．

控制变量个数为一时，称为一阶偏相关系数；控制变量个数为二时，称为二阶偏相关系数；控制变量个数为零时，称为零阶偏相关系数，也就是相关系数．

简单相关系数研究两变量间线性相关性，若还存在其他因素影响，其往往夸大变量间的相关性，不是两变量间线性相关强弱的真实体现．

例如，研究商品的需求量、价格和消费者收入之间的线性关系时，需求量和价格的相关关系实际还包含了消费者收入对价格和商品需求量的影响．此时，单纯利用简单相关系数来评价变量间的相关性是不准确的，需要在剔除其他相关因素影响的条件下计算变量间的相关．偏相关的意义就在于此．

二、偏相关分析步骤

（1）计算样本的偏相关系数

利用样本数据计算样本的偏相关系数，反映两变量间偏相关的强弱程度．

分析 x_1 和 y 之间的偏相关是，当控制了 x_2 的线性作用后，x_1 和 y 的一阶偏相关系数为

$$r_{yx_1x_2} = \frac{r_{y1} - r_{y2}r_{12}}{\sqrt{(1-r_{y2}^2)(1-r_{12}^2)}}$$

r_{y1}，r_{y2}，r_{12} 分别表示 y 和 x_1，y 和 x_2，x_1 和 x_2 的相关系数．
偏相关系数的取值范围及大小含义与相关系数相同．

（2）对样本来自的两总体是否存在显著偏相关进行推断

基本步骤

① 提出原假设：两总体的偏相关系数与零无显著差异

② 选择检验统计量：T 统计量

$$T = \frac{r\sqrt{n-q-2}}{\sqrt{1-r^2}} \sim t(n-q-2)$$ （r 为偏相关系数，n 为样本数，q 为阶数）

③ 计算检验统计量的观测值和相应的概率 P 值.

④ 决策

（3）偏相关分析应用举例

已经分析了家庭收入与计划购房面积之间的相关性．这种相关性会受到家庭常住人口数的影响．为此将家庭常住人口数作为控制变量，对家庭收入与计划购房面积做偏相关分析．

解：操作步骤：分析→相关→偏相关（图 4.18）→将家庭收入和计划面积加入变量列表→将常住人口加入控制列表→选项（见图 4.19）→继续（见图 4.20）→确定

结果：见图 4.21.

（4）相似度测度

用于对各样本点之间或各个变量之间进行相似性分析，一般不单独使用，而作为聚类分析和因子分析等的预分析，叫作相似度测度（距离）. 操作见图 4.22.

图 4.18

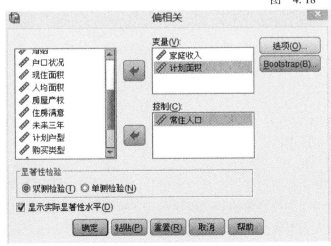

图 4.19

相关性

控制变量			家庭收入	计划面积	常住人口
-无-ᵃ	家庭收入	相关性	1.000	.323	.114
		显著性（双侧）	.	.000	.001
		df	0	830	830
	计划面积	相关性	.323	1.000	-.075
		显著性（双侧）	.000	.	.030
		df	830	0	830
	常住人口	相关性	.114	-.075	1.000
		显著性（双侧）	.001	.030	.
		df	830	830	0
常住人口	家庭收入	相关性	1.000	.335	
		显著性（双侧）	.	.000	
		df	0	829	
	计划面积	相关性	.335	1.000	
		显著性（双侧）	.000	.	
		df	829	0	

a. 单元格包含零阶（Pearson）相关.

图 4.20　　　　　　　　　图 4.21

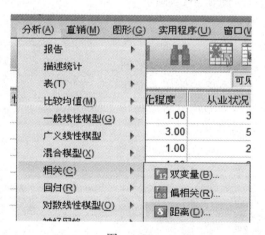

图 4.22

4.2　回归分析

　　回归分析是一种应用极为广泛的数量分析方法．它用于分析事物之间的统计关系，侧重考查变量之间的变化规律，并通过回归方程的形式描述和反应这种关系，帮助人们准确把握变量受其他一个或多个变量影响的程度，进而为预测提供科学依据．

4.2.1 回归分析概述

一、什么是回归分析

"回归"是由英国著名生物学家兼统计学家高尔顿（Francis Galton，1822~1911．生物学家达尔文的表弟）在研究人类遗传问题时提出来的．1855年，高尔顿发表《遗传的身高向平均数方向的回归》一文，他和他的学生卡尔·皮尔逊（Karl·Pearson）通过观察1078对夫妇的身高数据，以每对夫妇的平均身高作为自变量 x，取他们的一个成年儿子的身高作为因变量 y，分析儿子身高与父母身高之间的关系，发现父母的身高可以预测子女的身高，两者近乎一条直线

$$y = 0.8567 + 0.516x \quad （单位为米）$$

有趣的是，通过观察，高尔顿还注意到，尽管这是一种拟合较好的线性关系，但仍然存在例外现象：矮个父母所生的儿子比其父要高，身材较高的父母所生子女的身高却会降到多数人的平均身高．换句话说，当父母身高走向极端，子女的身高不会像父母身高那样极端化，其身高要比父母们的身高更接近平均身高，即有"回归"到平均数去的趋势，这就是统计学上最初出现"回归"时的涵义，高尔顿把这一现象叫做"向平均数方向的回归"（regression toward mediocrity）．

回归分析的核心是找到回归线．

二、如何得到回归线

（1）局部平均法

回归曲线上的点给出了相应于每一个 x（父亲）值的 y（儿子）平均数的估计，样本量足够大时才可实现．

（2）函数拟合法

通过散点图得到回归线形状的感性认知，并确定数学函数——回归模型；利用样本数据估计出回归模型中的各个参数，得到回归方程；对回归方程进行各种检验，判断该方程是否真实地反映事物之间的统计关系，能否用于预测．

三、回归分析一般步骤

（1）确定自变量 x 与因变量 y——建立 y 关于 x 的回归方程，并在给定 x 的条件下，通过回归方程预测 y 的平均值．

（2）确定回归模型

（3）建立回归方程——估计模型中的各个参数

（4）对回归方程进行各种检验

（5）利用回归方程进行预测

4.2.2 线性回归分析和线性回归模型

根据自变量的个数，将线性回归模型分为一元线性回归模型和多元线性回归模型．

一、一元线性回归模型

一元线性回归模型只有一个自变量，用于解释因变量与自变量之间的线性关系．

(1) 数学模型：$y = \beta_0 + \beta_1 x + \varepsilon$

(2) y 的变化由两部分解释：

① x 的变化引起的 y 的线性变化部分：$y = \beta_0 + \beta_1 x$

② 其他随机因素引起的 y 的变化部分：ε（随机误差）

(3) 核心任务：未知参数 β_0 和 β_1 的估计值 $\hat{\beta}_0, \hat{\beta}_1$

(4) 估计的一元线性回归方程：$\hat{y} = \hat{\beta}_0 + \hat{\beta}_1 x$

二、多元线性回归模型

多元线性回归模型是含有多个自变量的线性回归模型．

(1) 多元线性回归的数学模型：$y = \beta_0 + \beta_1 x_1 + \beta_2 x_2 + \cdots + \beta_p x_p + \varepsilon$

(2) y 的变化由两部分解释：

① p 个自变量 x 的变化引起的 y 的线性变化部分

② 由其他随机因素引起的 y 的变化部分：ε（随机误差）

(3) 核心任务：未知参数 $\beta_0, \beta_1, \cdots, \beta_p$ 的估计值 $\hat{\beta}_0, \hat{\beta}_1, \cdots, \hat{\beta}_p$

(4) 估计得到多元线性回归方程：$\hat{y} = \hat{\beta}_0 + \hat{\beta}_1 x_1 + \hat{\beta}_2 x_2 + \cdots + \hat{\beta}_p x_p$

三、回归参数的普通最小二乘估计

回归参数的普通最小二乘估计的目标是回归线上的观察值与预测值之间的距离总和达到最小．

普通最小二乘估计的出发点是样本点与回归线上对应点在垂直方向上的偏差距离的总和最小．

(1) 对于一元线性回归方程，最小二乘估计是寻找 β_0 和 β_1 的估计值，使

$$Q(\hat{\beta}_0, \hat{\beta}_1) = \sum_{i=1}^{n}(y_i - \hat{\beta}_0 - \hat{\beta}_1 x_i)^2 = \min_{\beta_0, \beta_1} \sum_{i=1}^{n}(y_i - \hat{\beta}_0 - \hat{\beta}_1 x_i)^2$$

是极小值．

(2) 对于多元线性回归方程，最小二乘估计是寻找 $\beta_0, \beta_1, \cdots, \beta_p$ 的估计值，使

$$Q(\hat{\beta}_0, \hat{\beta}_1, \cdots, \hat{\beta}_p) = \sum_{i=1}^{n}(y_i - \hat{\beta}_0 - \hat{\beta}_1 x_{i1} - \hat{\beta}_p x_{ip})^2$$

$$= \min_{\beta_0, \beta_1, \cdots, \beta_p} \sum_{i=1}^{n}(y_i - \hat{\beta}_0 - \hat{\beta}_1 x_{i1} - \hat{\beta}_p x_{ip})^2$$

是极小值．

4.2.3 回归方程的统计检验

一、回归方程的拟合优度检验

拟合优度检验的目的是检验样本数据点聚集在回归线周围的密集程度,评价回归方程对样本数据的代表程度.

拟合优度检验的思路是因变量 y 取值的变化受两个因素的影响:自变量 x 不同取值的影响;其他随机因素的影响.

如:儿子身高(y)的变化受父亲身高(x)的影响和其他随机条件的影响.

y 总变差 = x 引起的变差 + 其他因素引起的变差;

y 总变差 = 回归方程可解释的 + 不可解释的;

y 总离差平方和(SST) = 回归平方和(SSA) + 剩余平方和(SSE)

$$\sum_{i=1}^{n}(y_i - \bar{y})^2 = \sum_{i=1}^{n}(\hat{y}_i - \bar{y})^2 + \sum_{i=1}^{n}(y_i - \hat{y}_i)^2$$

(1) 一元回归方程

R^2 统计量 (判定系数、决定系数):

$$R^2 = \frac{\sum_{i=1}^{n}(\hat{y}_i - \bar{y})^2}{\sum_{i=1}^{n}(y_i - \bar{y})^2} = 1 - \frac{\sum_{i=1}^{n}(y_i - \hat{y}_i)^2}{\sum_{i=1}^{n}(y_i - \bar{y})^2}$$

$$R^2 = \text{SSA/SST} = 1 - \text{SSE/SST};$$

R^2 体现了回归方程所能解释的因变量变差的比例;R^2 越接近于1,则说明回归方程对样本数据点拟合优度越高;R^2 也被解释为 y 和 x 的简单相关系数 r 的平方.

如果 y 和 x 的线性关系较强,则用一个线性方程拟合样本数据点,必得到一个较高的拟合优度.

(2) 多元回归方程

调整的判定系数或调整的决定系数:

$$\bar{R}^2 = 1 - \frac{n-1}{n-p-1}\frac{\text{SSE}}{\text{SST}}$$

($n-p-1$, $n-1$ 分别是 SSE 和 SST 的自由度)

考虑的是平均的剩余平方和,平均的总离差平方和.

R^2 是 y 与诸多 x 的复相关系数的平方;测量 y 与 x 全体之间的线性相关程度;测量了样本数据与拟合数据(预测数据)的相关程度.

利用调整的 R^2 的原因:R^2 的特性决定当多元回归方程中 x 的个数增多时

SSE 会随之减少，从而导致 R^2 值的增加；方程中引入了对 y 有重要贡献的 x 从而使 R^2 值增加.

二、回归方程的显著性检验

显著性检验的目的是检验自变量与因变量之间的线性关系是否显著，是否可用线性模型来表示.

显著性检验的出发点是采用方差分析的方法，研究在 SST 中 SSA 相对于 SSE 是否占较大比例.

显著性检验的统计量是 F 统计量.

(1) 一元回归方程

原假设：$\beta_1 = 0$，即回归系数与零无显著差异.

当回归系数为零时，x 与 y 之间不存在线性关系.

统计量：

$$F = \frac{\sum (\hat{y}_i - \bar{y})^2}{\sum (y_i - \hat{y}_i)^2 / (n-2)}$$

反映了回归方程能解释的变差与不能解释的变差的比例；F 统计量服从 $(1, n-2)$ 个自由度的 F 分布；SPSS 自动计算检验统计量的观测值和对应的概率 p 值，$p \leq \alpha$ 则拒绝原假设，即 x 与 y 之间存在显著线性关系.

(2) 多元回归方程

原假设：$\beta_1 = \beta_2 = \cdots = \beta_p = 0$，即各个偏回归系数与零无显著差异.

当偏回归系数同时为零时，x 的全体与 y 不存在线性关系.

统计量：

$$F = \frac{\sum (\hat{y}_i - \bar{y})^2 / p}{\sum (y_i - \hat{y}_i)^2 / (n-p-1)}$$

其中，p 为多元线性回归方程中自变量的个数；F 统计量服从 $(p, n-p-1)$ 个自由度的 F 分布；SPSS 自动计算检验统计量的观测值和对应的概率 p 值；$p \leq \alpha$ 则拒绝原假设，即 x 全体与 y 之间存在显著线性关系.

(3) 显著性检验与拟合优度检验的关系（F 统计量与 R^2 的关系）

$$F = \frac{R^2 / p}{(1 - R^2) / (n - p - 1)}$$

回归方程的拟合优度越高，则回归方程的显著性检验也会越显著；回归方程的显著性检验越显著，则回归方程的拟合优度也会越高.

拟合优度检验实质上不是统计学的统计检验问题，本质上是一种刻画性的描述.

三、回归系数的显著性检验

回归系数的显著性检验的目的是研究回归方程中的每个自变量与因变量之间是否存在显著的线性关系. 研究每个自变量能否有效地解释因变量的线性变化, 它们能否保留在线性回归方程中.

回归系数的显著性检验围绕回归系数 (偏回归系数) 估计值的抽样分布展开.

(1) 一元线性回归方程

原假设: $\beta_1 = 0$, 即回归系数与零无显著差异.

当回归系数为零时, x 与 y 之间不存在线性关系.

回归系数估计值的抽样分布服从

$$\hat{\beta}_1 \sim N\left(\beta_1, \frac{\sigma^2}{\sum_{i=1}^{n}(x_i - \bar{x})^2}\right)$$

当 σ^2 未知时, 用 $\hat{\sigma}^2 = \frac{1}{n-2}\sum_{i=1}^{n}(y_i - \hat{y}_i)^2$ 代替 σ^2.

原假设成立时, 可构造 T 检验统计量为 $T = \dfrac{\hat{\beta}_1}{\dfrac{\hat{\sigma}}{\sqrt{\sum_{i=1}^{n}(x_i - \bar{x})^2}}}$, T 统计量服从 $n-2$ 个自由度的 T 分布.

SPSS 自动计算 T 统计量的观测值和相应的概率 p 值, $p \leq \alpha$ 则拒绝原假设, 即 x 全体与 y 之间存在显著线性关系, x 应该保留在回归方程中.

方程的显著性检验与系数的显著性检验作用相同, 同时, 回归方程的显著性检验中的 F 统计量等于回归系数的显著性检验中的 T 统计量的平方, 即 $F = T^2$.

(2) 多元线性回归方程

原假设: $\beta_i = 0$, 即第 i 个偏回归系数与零无显著差异.

当偏回归系数为零时, x_i 与 y 之间不存在线性关系.

回归系数估计值的抽样分布服从

$$\hat{\beta}_i \sim N\left(\beta_i, \frac{\sigma^2}{\sum_{j=1}^{n}(x_{ji} - \bar{x}_i)^2}\right)$$

当 σ^2 未知时, 用 $\hat{\sigma}^2 = \frac{1}{n-p-1}\sum_{i=1}^{n}(y_i - \hat{y}_i)^2$ 代替 σ^2.

原假设成立时，可构造 T 检验统计量为 $T = \dfrac{\hat{\beta}_i}{\dfrac{\hat{\sigma}}{\sqrt{\sum_{j=1}^{n}(x_{ji}-\bar{x}_i)^2}}}$，$T_i$ 统计量服

从 $n-p-1$ 个自由度的 T 分布．

SPSS 自动计算 T_i 统计量的观测值和相应的概率 p 值，$p \leq \alpha$ 则拒绝原假设，即 x 全体与 y 之间存在显著线性关系，x_i 应该保留在回归方程中．

（3）方程的显著性检验与系数的显著性检验的关系

方程的显著性检验只检验所有偏回归系数是否同时为零，如果偏回归系数不同时为零，并不能保证方程中仍存在某些偏回归系数为零的 x；系数的显著性检验对每个偏回归系数是否为零进行逐一考察．

F 检验与 T 检验的关系：

$$F_{ch} = \dfrac{R_{ch}^2(n-p-1)}{(1-R^2)}$$

F_{ch} 称为偏 F 统计量；$R_{ch}^2 = R^2 - R_i^2$（R_i^2 是 x_i 进入方程前的判定系数）；对于每个 x_i，有 $F_{ch} = T_i^2$；偏 F 统计量的检验与回归系数显著性检验实质上等价．

四、残差分析

残差指由回归方程计算所得的预测值与实际样本值之间的差距，定义为

$$e_i = y_i - \hat{y}_i = y_i - (\beta_0 + \beta_1 x_1 + \beta_2 x_2 + \cdots + \beta_p x_p)$$

它是回归模型中 ε_i 的估计值．多个 e_i 形成残差序列．

残差分析的出发点是如果回归方程能较好地反映 y 的特性和变化规律，则残差序列不应包含显著的规律性和趋势性．

残差分析的主要任务包括分析残差是否服从均值为零的正态分布；分析残差是否为等方差的正态分布；分析残差序列是否独立；借助残差分析样本中的异常值．

残差分析的工具包括图形分析和数值分析．

（1）残差均值为零的正态性分析

绘制残差图——散点图（见图 4.23）；横坐标为自变量，纵坐标为残差；若残差的均值为零，残差图中的点应在纵坐标为零的横线上下随机散落；通过绘制标准化残差的累积概率图分析．

（2）残差序列的独立性分析

独立性是指残差序列的前期和后期数值之间不存在相关关系，即不存在自相关．若存在自相关则会带来许多问题，如参数的普通最小二乘估计不是最优的，不是最小方差无偏估计，易导致回归系数显著性检验的 t 值偏高等．

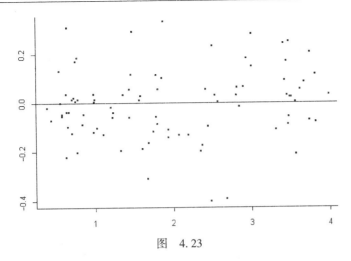

图 4.23

残差的独立性分析可以通过以下三种方法实现：

① 绘制残差序列的序列图——样本期（时间）为横坐标，残差为纵坐标

② 计算残差的自相关系数 $\hat{\rho} = \dfrac{\sum\limits_{t=2}^{n} e_t e_{t-1}}{\sqrt{\sum\limits_{t=2}^{n} e_t^2} \sqrt{\sum\limits_{t=2}^{n} e_{t-1}^2}}$

③ DW 检验

$$DW = \dfrac{\sum\limits_{t=2}^{n}(e_t - e_{t-1})^2}{\sum\limits_{t=2}^{n} e_t^2}$$

DW 取值在 $0 \sim 4$ 之间，$DW \approx 2(1-\hat{\rho})$，所以对 DW 的直观判断标准是：
$DW = 4(\hat{\rho} = -1)$ 时，残差序列存在完全负相关；
$DW = (2, 4)\ (\hat{\rho} = (-1, 0))$ 时，残差序列存在负自相关；
$DW = 2(\hat{\rho} = 0)$ 时，残差序列无自相关；
$DW = (0, 2)\ (\hat{\rho} = (0, +1))$ 时，残差序列存在正自相关；
$DW = 0(\hat{\rho} = 1)$ 时，残差序列存在完全正自相关．

```
正 ←——— 无 ———→ 负
├──────┼──────┤
0      2      4
```

残差序列不存在自相关，可认为回归方程基本概括了因变量的变化；否则，认为可能一些与因变量相关的因素没有引入回归方程或回归模型不合适或存在滞后性或周期性的影响．

(3) 异方差分析

残差分析的方差应相等,若随自变量或因变量取值的变化而变化,则认为出现了异方差. 若存在异方差时,参数的普通最小二乘估计不再是最小方差无偏估计,不再是有效性估计,易导致回归系数显著性检验的 t 值偏高等.

异方差分析的实现方式:

① 绘制残差图

② 等级相关分析——对残差数列取绝对值,分别计算出残差和自变量的秩,计算 Spearman 等级相关系数,并进行等级相关分析. 如果 p 值小于 3,拒绝原假设,认为自变量与残差间存在显著的相关关系,出现了异方差.

若出现异方差可利用加权最小二乘估计法实施回归方程的参数估计. (见图 4.24、图 4.25 和图 4.26)

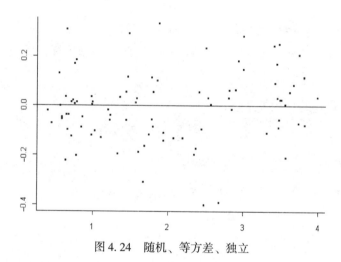

图 4.24 随机、等方差、独立

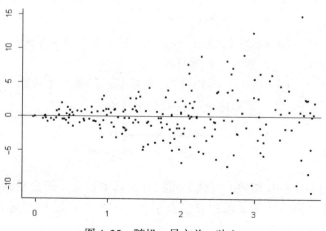

图 4.25 随机、异方差、独立

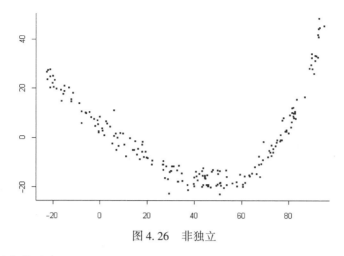

图 4.26 非独立

（4）异常值诊断

异常值是指那些远离均值的样本数据点．

① 因变量中异常值的探测方法

标准化残差：标准化残差的绝对值大于 3，则可认为对应的样本点为异常值；

学生化残差：学生化残差的绝对值大于 3，则可认为对应的样本点为异常值；

剔除残差：剔除学生化残差的绝对值大于 3，则可认为对应的样本点为异常值．

② 自变量中异常值的探测方法

如测算杠杆值、库克距离、标准化回归系数的变化和标准化预测值的变化．

4.2.4 多元回归分析中的其他问题

一、自变量的筛选

自变量筛选的目的是控制自变量的数量．模型中引入自变量的个数为多少是需要重点研究的；如果引入的自变量个数较少，则不能很好的说明因变量的变化；但并非自变量引入越多越好，原因是自变量之间可能存在多重共线性．

筛选的基本策略包括向前筛选、向后筛选、逐步筛选．

（1）自变量向前筛选法

自变量向前筛选法是自变量不断进入回归方程的过程．

首先，选择与因变量具有最高相关系数的自变量进入方程，并进行各种检验；

其次，在剩余的自变量中寻找偏相关系数最高的变量进入回归方程，并进行检验；默认回归系数检验的概率值小于 PIN（0.05）才可以进入方程．

反复上述步骤，直到没有可进入方程的自变量为止．

（2）自变量向后筛选法

自变量向后筛选法是将自变量不断剔除出回归方程的过程．

首先，将所有自变量全部引入回归方程；

其次，在回归系数显著性检验不显著的一个或多个变量中，剔除 t 值最小的那个变量，并重新拟和方程和进行检验；默认回归系数检验值大于 POUT（0.10），则剔除出方程．

如果新方程中所有变量的回归系数 t 值都是显著的，则变量筛选过程结束．否则，重复上述过程，直到无变量可剔除为止．

(3) 自变量逐步筛选法

自变量逐步筛选法是"向前法"和"向后法"的结合．

向前筛选法只对进入方程的变量的回归系数进行显著性检验，而对已经进入方程的其他变量的回归系数不再进行显著性检验，即：变量一旦进入方程就不会被剔除．

但是随着变量的逐个引进，由于变量之间存在着一定程度的多重共线性，使得已经进入方程的变量其回归系数不再显著，因此会造成最后的回归方程可能包含不显著的变量．

逐步筛选法在每个变量进入方程后再次判断是否存在可以剔除方程的变量，提供了再次剔除不显著变量的机会．

二、变量的多重共线性检测

自变量之间存在线性相关关系称为多重共线性．

高度的多重共线性会给方程带来许多影响：

偏回归系数估计困难；

偏回归系数的估计方差随自变量相关性的增大而增大；

偏回归系数的置信区间增大；

偏回归系数估计值的不稳定性增大；

偏回归系数假设检验结果不显著．

多重共线性诊断方式：

(1) 容忍度（Tolerance）

容忍度 $\text{Tol}_i = 1 - R_i^2$，其中：R_i^2 是自变量 x_i 与方程中其他自变量间的复相关系数的平方．

容忍度越大则与方程中其他自变量的共线性越低，应进入方程．（具有太小容忍度的变量不应进入方程，SPSS 会给出警告，据经验 $t < 0.1$ 一般认为具有多重共线性．）

(2) 方差膨胀因子（VIF）

$$\text{VIF}_i = 1/\text{Tol}_i$$

如果 VIF_i 大于等于 10，一般认为具有严重的多重共线性．

SPSS 在回归方程建立过程中不断计算待进入方程自变量的容忍度，并显示目前的最小容忍度.

(3) 特征根和方差比

如果自变量间存在较强的相关性,那么它们之间必然存在信息重叠,于是可从这些自变量中提取出既能反映自变量信息(方差)又相互独立的因素(成分)来.

从自变量的相关系数矩阵出发,计算相关系数矩阵的特征根,得到相应的若干成分.

如果特征根中有一个特征根值远远大于其他特征根的值,则仅一个特征根就可以基本刻画所有自变量绝大部分信息,自变量间一定存在相当多的重叠信息.

如果某个特征根既能够刻画某个自变量方差的较大部分比例(如大于0.7),同时又可以刻画另一个自变量方差的较大部分比例,则表明这两个自变量间存在较强的多重共线性.

(4) 条件指标

数学定义:$k_i = \sqrt{\dfrac{\lambda_m}{\lambda_i}}$

k_i是第i个条件指标,它是最大特征值λ_m与第i个特征值比的平方根.

若最大特征根与第i个特征根的值相差较大,即k_i较大,说明自变量间的信息重叠较多,多重共线性严重.

当$0 \leq k_i \leq 30$:认为多重共线性较弱;

当$30 \leq k_i \leq 100$:认为多重共线性较强;

当$k_i \geq 30$:认为多重共线性很严重.

4.2.5 线性回归分析基本操作

一、基本操作

首先将数据组织好,被解释变量和解释变量各对应一个SPSS变量,SPSS一元线性回归分析与多元线性回归分析集成在一起.

操作步骤:分析→回归→线性→选择被解释变量到因变量中→选择一个或多个解释变量到自变量列表中→方法→确定(见图4.27)

二、其他操作

(1) 统计量(见图4.28)

估计:输出与回归系数相关的统计量:回归系数(偏回归系数),回归系数标准误差,标准化回归系数,回归系数显著性检验的t统计量和p值,各种自变量的容忍度.

置信区间:输出每个非标准化回归系数的95%置信区间.

协方差矩阵:方程中各自变量间的相关系数,协方差及各回归系数的方差.

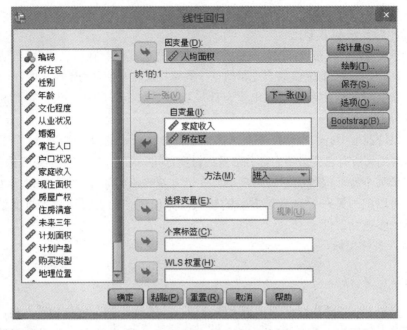

图 4.27

Durbin-Watson：输出 DW 检验值．

个案诊断：输出标准化残差绝对值大于等于 3 的样本数据的相关信息：预测值，标准化预测值，残差，标准化残差，学生化残差，杠杆值，库克距离等地最大值，最小值，均值和标准差．

模型拟合度：输出判定系数，调整的判定系数，回归方程的标准误差，回归方程显著性 F 检验的方差分析表．

R 方变化：输出每个自变量进入方程后引起的判定系数的改变量和 F 值的变化量．

部分相关和偏相关性：输出方程中各自变量间和因变量之间的简单相关、偏相关系数和部分相关．

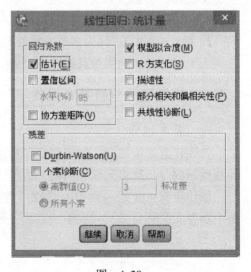

图 4.28

(2) 绘制（见图 4.29）

DEPENDNT：因变量

*ZPRED：标准化预测值

*ZRESID：标准化残差
*DRESID：剔除残差
*ADJPRED：调整的预测值
*SRESID：学生化残差
*SDRESID：剔除学生化残差
（3）保存（见图 4.30）
影响统计量：保存剔除第 i 个样本后各统计量的变化值
DfBeta：回归系数的变化量
标准化 DfBeta：标准化回归系数的变化量
DfFit：预测值的变化量
标准化 DfFit：标准化预测值的变化量

图 4.29

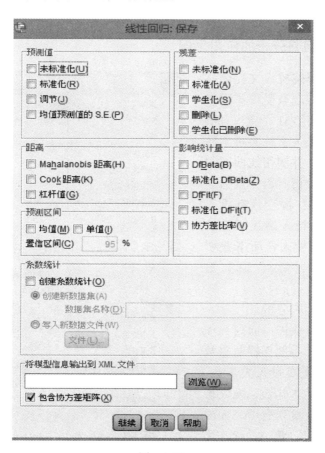

图 4.30

(4) 选项（见图 4.31）

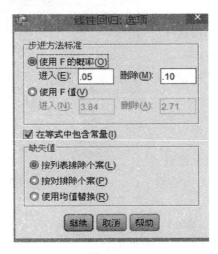

图 4.31

4.2.6 线性回归分析的应用举例

为研究高等院校人文社会科学研究中立项课题数受哪些因素的影响，收集某年 31 个省市自治区部分高校有关人文社会科学研究方面的数据，并利用线性回归分析方法进行分析．因变量为立项课题数（x_5），自变量有投入人年数（x_2），投入高级职称的人年数（x_3），投入科研事业费（x_4），专著数（x_6），论文数（x_7），获奖数（x_8）．

解：(1) 回归分析

操作步骤：分析→回归→线性（见图 4.32）→选择课题总数到因变量中→选择投入人年数、投入高级职称的人年数、投入科研事业费到自变量列表中→方法（见图 4.33）→统计量→继续（见图 4.34）→确定

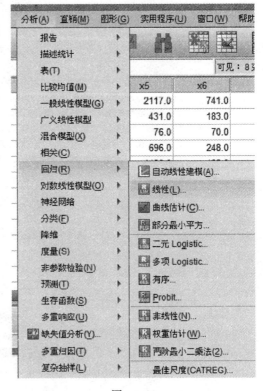

图 4.32

第4章　SPSS的相关分析与回归分析

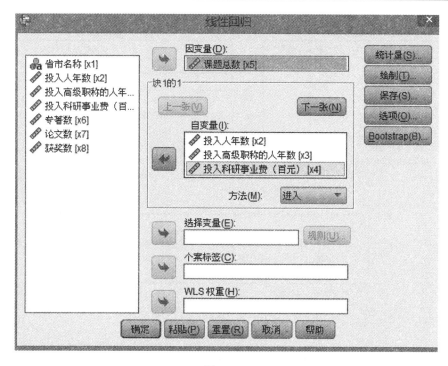

图 4.33

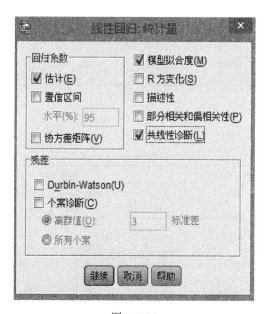

图 4.34

结果：见图 4.35、图 4.36.

输入／移去的变量[a]

模型	输入的变量	移去的变量	方法
1	投入科研事业费（百元），投入人年数，投入高级职称的人年数[b]	.	输入

a. 因变量：课题总数
b. 已输入所有请求的变量。

模型汇总

模型	R	R 方	调整 R 方	标准 估计的误差
1	.965[a]	.932	.924	230.6051

a. 预测变量：(常量)，投入科研事业费（百元），投入人年数，投入高级职称的人年数。

Anova[a]

模型		平方和	df	均方	F	Sig.
1	回归	19640985.284	3	6546995.095	123.113	.000[b]
	残差	1435824.716	27	53178.693		
	总计	21076810.000	30			

a. 因变量：课题总数

图 4.35

系数[a]

模型		非标准化系数		标准系数	t	Sig.	共线性统计量	
		B	标准 误差	试用版			容差	VIF
1	(常量)	-56.880	73.179		-.777	.444		
	投入人年数	.694	.179	1.354	3.886	.001	.021	48.1
	投入高级职称的人年数	-.631	.402	-.627	-1.571	.128	.016	63.0
	投入科研事业费（百元）	.003	.001	.262	2.189	.037	.177	5.6

a. 因变量：课题总数

共线性诊断[a]

模型	维数	特征值	条件索引	方差比例			
				(常量)	投入人年数	投入高级职称的人年数	投入科研事业费（百元）
1	1	3.541	1.000	.02	.00	.00	.01
	2	.380	3.051	.59	.00	.00	.07
	3	.075	6.869	.38	.03	.01	.67
	4	.003	32.275	.01	.97	.99	.25

a. 因变量：课题总数

图 4.36

(2) 向后筛选策略模型（图 4.37 ~ 图 4.44）

输入/移去的变量^a

模型	输入的变量	移去的变量	方法
1	获奖数,投入科研事业费（百元）,论文数,专著数,投入人年数,投入高级职称的人年数^b	.	输入
2	.	专著数	向后（准则：F-to-remove >= .100 的概率）。
3	.	投入高级职称的人年数	向后（准则：F-to-remove >= .100 的概率）。
4	.	投入科研事业费（百元）	向后（准则：F-to-remove >= .100 的概率）。
5	.	获奖数	向后（准则：F-to-remove >= .100 的概率）。
6	.	论文数	向后（准则：F-to-remove >= .100 的概率）。

a. 因变量: 课题总数
b. 已输入所有请求的变量。

图 4.37

模型汇总^g

模型	R	R 方	调整 R 方	标准 估计的误差	Durbin-Watson
1	.969^a	.939	.924	231.5255	
2	.969^b	.939	.927	226.8644	
3	.968^c	.937	.927	226.5820	
4	.965^d	.931	.923	232.0833	
5	.963^e	.927	.921	234.8694	
6	.959^f	.919	.917	241.9582	1.747

a. 预测变量:(常量),获奖数,投入科研事业费（百元）,论文数,专著数,投入人年数,投入高级职称的人年数。
b. 预测变量:(常量),获奖数,投入科研事业费（百元）,论文数,投入人年数,投入高级职称的人年数。
c. 预测变量:(常量),获奖数,投入科研事业费（百元）,论文数,投入人年数。
d. 预测变量:(常量),获奖数,论文数,投入人年数。
e. 预测变量:(常量),论文数,投入人年数。
f. 预测变量:(常量),投入人年数。
g. 因变量: 课题总数

图 4.38

Anova

模型		平方和	df	均方	F	Sig.
1	回归	19790312.88	6	3298385.480	61.532	.000[b]
	残差	1286497.121	24	53604.047		
	总计	21076810.00	30			
2	回归	19790123.77	5	3958024.753	76.903	.000[c]
	残差	1286686.234	25	51467.449		
	总计	21076810.00	30			
3	回归	19741985.31	4	4935496.328	96.135	.000[d]
	残差	1334824.689	26	51339.411		
	总计	21076810.00	30			
4	回归	19622518.61	3	6540839.536	121.436	.000[e]
	残差	1454291.392	27	53862.644		
	总计	21076810.00	30			
5	回归	19532228.23	2	9766114.116	177.039	.000[f]
	残差	1544581.768	28	55163.635		
	总计	21076810.00	30			
6	回归	19379040.05	1	19379040.05	331.018	.000[g]
	残差	1697769.953	29	58543.791		
	总计	21076810.00	30			

a. 因变量:课题总数
b. 预测变量:(常量),获奖数,投入科研事业费(百元),论文数,专著数,投入人年数,投入高级职称的人年数。
c. 预测变量:(常量),获奖数,投入科研事业费(百元),论文数,投入人年数,投入高级职称的人年数。
d. 预测变量:(常量),获奖数,投入科研事业费(百元),论文数,投入人年数。
e. 预测变量:(常量),获奖数,论文数,投入人年数。
f. 预测变量:(常量),论文数,投入人年数。
g. 预测变量:(常量),投入人年数。

图 4.39

系数[a]

模型		非标准化系数		标准系数	t	Sig.	共线性统计量	
		B	标准 误差	试用版			容差	VIF
1	(常量)	-35.313	76.580		-.461	.649		
	投入人年数	.698	.208	1.361	3.352	.003	.015	64.811
	投入高级职称的人年数	-.467	.626	-.464	-.747	.463	.007	151.824
	投入科研事业费(百元)	.003	.002	.237	1.601	.122	.117	8.576
	专著数	.022	.377	.014	.059	.953	.046	21.875
	论文数	-.064	.053	-.252	-1.198	.243	.058	17.384
	获奖数	.712	.503	.119	1.416	.170	.358	2.796
2	(常量)	-36.246	73.442		-.494	.626		
	投入人年数	.692	.176	1.349	3.932	.001	.021	48.202
	投入高级职称的人年数	-.443	.458	-.439	-.967	.343	.012	84.526
	投入科研事业费(百元)	.003	.002	.240	1.778	.088	.134	7.446
	论文数	-.064	.052	-.253	-1.230	.230	.058	17.299
	获奖数	.701	.453	.117	1.548	.134	.424	2.358
3	(常量)	-29.791	73.047		-.408	.687		
	投入人年数	.553	.102	1.079	5.411	.000	.061	16.325
	投入科研事业费(百元)	.002	.001	.152	1.525	.139	.246	4.069
	论文数	-.088	.045	-.348	-1.934	.064	.075	13.309
	获奖数	.716	.452	.120	1.586	.125	.425	2.355

图 4.40

第4章 SPSS的相关分析与回归分析

模型	维数	特征值	条件索引	(常量)	投入人年数	投入高级职称的人年数	投入科研事业费（百元）	专著数	论文数	获奖数
1	1	6.137	1.000	.01	.00	.00	.00	.00	.00	.00
	2	.452	3.684	.33	.00	.00	.03	.01	.00	.04
	3	.294	4.572	.32	.00	.00	.01	.00	.00	.39
	4	.073	9.142	.26	.01	.00	.39	.00	.06	.29
	5	.028	14.719	.09	.03	.00	.37	.55	.02	.15
	6	.014	21.020	.00	.12	.01	.17	.00	.82	.06
	7	.002	58.796	.00	.84	.98	.03	.44	.10	.05
2	1	5.247	1.000	.01	.00	.00	.00		.00	.01
	2	.382	3.706	.52	.00	.00	.06		.00	.01
	3	.280	4.325	.16	.00	.00	.04		.00	.55
	4	.073	8.466	.29	.01	.00	.41		.06	.38
	5	.014	19.403	.00	.18	.02	.14		.80	.06
	6	.003	41.788	.02	.80	.97	.35		.14	.00
3	1	4.273	1.000	.01	.00		.01		.00	.01
	2	.369	3.401	.54	.00		.13		.00	.00
	3	.277	3.925	.14	.00		.09		.00	.54
	4	.067	7.987	.31	.07		.59		.13	.41
	5	.013	18.195	.00	.93		.17		.87	.04
4	1	3.514	1.000	.02	.00				.00	.02
	2	.314	3.346	.73	.00				.00	.22
	3	.157	4.727	.23	.06				.02	.65
	4	.015	15.232	.02	.93				.97	.11
5	1	2.732	1.000	.04	.00				.00	
	2	.251	3.299	.95	.02				.02	
	3	.017	12.725	.01	.97				.98	
6	1	1.800	1.000	.10	.10					
	2	.200	3.001	.90	.90					

图 4.41

已排除的变量[a]

模型		Beta In	t	Sig.	偏相关	共线性统计量 容差	VIF	最小容差
2	专著数	.014[b]	.059	.953	.012	.046	21.875	.007
3	专著数	-.103[c]	-.592	.559	-.118	.082	12.179	.059
	投入高级职称的人年数	-.439[c]	-.967	.343	-.190	.012	84.526	.012
4	专著数	.080[d]	.632	.533	.123	.164	6.091	.064
	投入高级职称的人年数	.104[d]	.299	.767	.059	.022	46.195	.022
	投入科研事业费（百元）	.152[d]	1.525	.139	.287	.246	4.069	.061
5	专著数	.016[e]	.131	.897	.025	.188	5.314	.065
	投入高级职称的人年数	.035[e]	.100	.921	.019	.022	45.121	.022
	投入科研事业费（百元）	.123[e]	1.220	.233	.229	.254	3.930	.061
	获奖数	.099[e]	1.295	.206	.242	.440	2.274	.076
6	专著数	.023[f]	.182	.857	.034	.188	5.308	.188
	投入高级职称的人年数	-.119[f]	-.343	.734	-.065	.024	41.733	.024
	投入科研事业费（百元）	.152[f]	1.528	.138	.278	.267	3.748	.267
	获奖数	.030[f]	.411	.684	.077	.542	1.846	.542
	论文数	-.278[f]	-1.666	.107	-.300	.094	10.650	.094

a. 因变量：课题总数
b. 模型中的预测变量：(常量), 获奖数, 投入科研事业费（百元）, 论文数, 投入人年数, 投入高级职称的人年数。
c. 模型中的预测变量：(常量), 获奖数, 投入科研事业费（百元）, 论文数, 投入人年数。
d. 模型中的预测变量：(常量), 获奖数, 论文数, 投入人年数。
e. 模型中的预测变量：(常量), 论文数, 投入人年数。
f. 模型中的预测变量：(常量), 投入人年数。

图 4.42

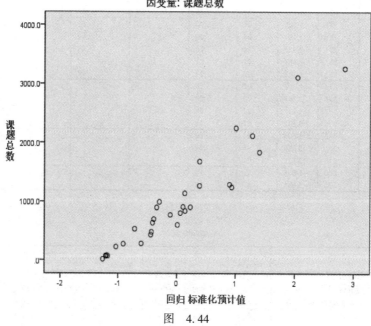

图 4.43

散点图

图 4.44

4.2.7 曲线估计

一、概述

变量之间的相关关系并不总表现为线性关系,非线性关系也极为常见.
对于非线性关系通常无法直接通过线性回归来分析,无法直接建立线性模型.
变量之间的非线性可分为:

本质线性关系:形式上呈非线性关系,但可通过变量变换化为线性关系,可最终进行线性回归分析.

本质非线性关系:形式上不仅呈非线性关系,而且也无法通过变量变换化为线性关系. 最终无法进行线性回归分析.

曲线估计是解决本质线性关系问题.

常见的本质线性模型有

线性拟合 linear：$y = b_0 + b_1 t$

二次曲线 quadratic：$y = b_0 + b_1 t + b_2 t^2$
$$y = b_0 + b_1 t + b_2 t_1 \ (t_1 = t^2)$$

三次曲线 cubic：$y = b_0 + b_1 t + b_2 t^2 + b_3 t^3$
$$y = b_0 + b_1 t + b_2 t_1 + b_3 t_2 \ (t_1 = t^2, t_2 = t^3)$$

复合曲线 Compound：$y = b_0 * b_1^t$　　$\ln(y) = \ln(b_0) + \ln(b_1) t$

增长曲线 Growth：$y = e^{(b0 - b1t)}$　　$\ln(y) = b_0 + b_1 t$

对数曲线 Logarithmic：$y = b_0 + b_1 \ln t$　　$y = b_0 + b_1 t_1$　$(t_1 = \ln t)$

S 曲线：$y = e^{(b0 - b1/t)}$　　$\ln(y) = b_0 + b_1 t_1$　　$(t_1 = 1/t)$

指数曲线 Exponential：$y = b_0 e^{b1 t} \ln(y) = \ln(b_0) + b_1 t$

逆函数 Inverse：$y = b_0 + b_1/t$　　$y = b_0 + b_1 t_1$　$(t_1 = 1/t)$

乘幂曲线 Power：$y = b_0 t^{b1}$　　$\ln(y) = \ln(b_0) + b_1 t_1$　$(t_1 = \ln t)$

逻辑曲线 Logistic：$y = 1/(1/\mu + b_0 * b_1^t)$
$$\ln(1/y - 1/\mu) = \ln(b_0) + \ln(b_1) t$$

二、SPSS 曲线估计

在不能明确哪种模型更接近样本数据时，可在上述多种可选择的模型中选择几种模型．

SPSS 自动完成模型的参数估计，并输出回归方程显著性检验的 F 值和概率 P 值、判定系数 R^2 等统计量．

以判定系数为主要依据选择其中最优的模型，并进行预测分析．

三、曲线估计的应用举例

收集到 1990 年～2002 年全国人均消费支出和教育支出的数据＜年人均消费支出和教育．sav＞，希望对居民家庭教育支出和消费性支出之间的关系进行研究．

解：操作步骤：分析→回归→曲线估计（见图 4.45）→教育支出加入因变量，年人均消费性支出加入自变量→确定（见图 4.46）

图　4.45

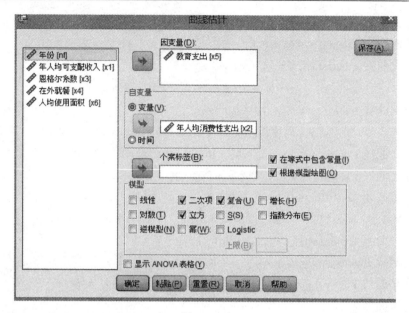

图 4.46

结果：见图 4.47 ~ 图 4.49.

个案处理摘要

	N
个案总数	25
已排除的个案[a]	12
已预测的个案	0
新创建的个案	0

a. 从分析中排除任何变量中带有缺失值的个案。

变量处理摘要

		变量	
		因变量	自变量
		教育支出	年人均消费性支出
正值数		13	25
零的个数		0	0
负值数		0	0
缺失值数	用户自定义缺失	12	0
	系统缺失	0	0

图 4.47

模型汇总和参数估计值

因变量： 教育支出

方程	模型汇总					参数估计值			
	R 方	F	df1	df2	Sig.	常数	b1	b2	b3
二次	.987	382.641	2	10	.000	252.698	-.148	2.460E-005	
三次	.994	516.461	3	9	.000	-41.314	.075	-1.988E-005	2.596E-009
复合	.995	2086.351	1	11	.000	20.955	1.000		

自变量为 年人均消费性支出。

图 4.48

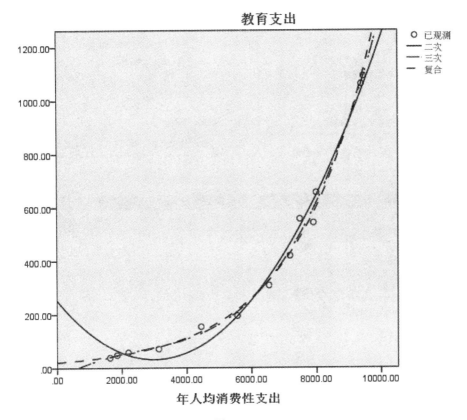

图 4.49

四、分析和预测居民在外就餐的费用

收集到1981年~2002年居民在外就餐消费的数据，保存在 <年人均消费支出和教育.sav>，希望对居民未来在外就餐趋势进行分析和预测.

解：操作步骤：分析→预测→序列图→确定（见图4.50）→分析→回归→曲

线估计→在外就餐加入因变量,年份加入变量中并选择时间→保存→确定(见图 4.51 ~ 图 4.54)

注：只有选择时间才能在保存中选择个案预测

图 4.50

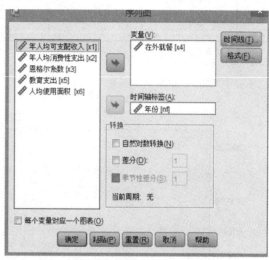

图 4.51

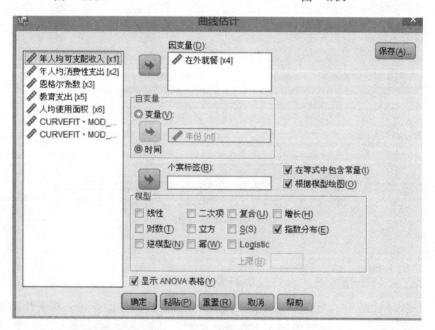

图 4.52

第4章 SPSS的相关分析与回归分析

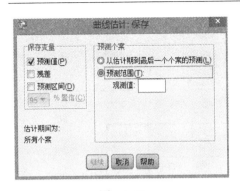

图 4.53　　　　　　　　　　　　　　图 4.54

结果：见图 4.55～图 4.59.

模型描述

模型名称		MOD_5
序列或顺序	1	在外就餐
转换		无
非季节性差分		0
季节性差分		0
季节性期间的长度		无周期性
水平轴标签		年份
干预开始		无
参考线		无
曲线下方的区域		未填充

正在应用来自 MOD_5 的模型指定。

个案处理摘要

		在外就餐
序列或顺序长度		25
图中的缺失值数	用户缺失	3
	系统缺失	0

图 4.55

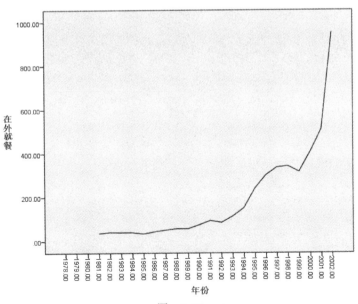

图 4.56

模型汇总

R	R 方	调整 R 方	估计值的标准误
.969	.938	.935	.263

ANOVA

	平方和	df	均方	F	Sig.
回归	20.956	1	20.956	303.108	.000
残差	1.383	20	.069		
总计	22.339	21			

系数

	未标准化系数		标准化系数	t	Sig.
	B	标准误	Beta		
个案顺序	.154	.009	.969	17.410	.000
(常数)	12.522	1.751		7.150	.000

因变量为 ln(在外就餐)。

图 4.57

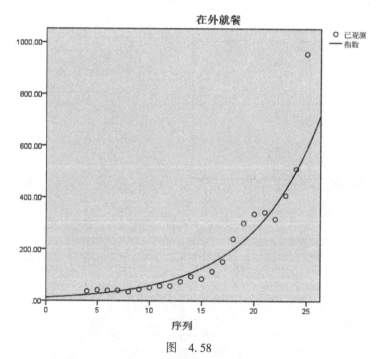

图 4.58

图4.59 的最后两行是对后两年在外就餐的预测.

1996.00	8353.65	6544.73	46.20	300.81	307.95	12.82	323.38109	232.8437
1997.00	9068.81	7188.71	43.60	336.28	419.19	13.07	351.58941	271.5657
1998.00	9193.15	7911.94	39.50	342.39	542.78	13.66	379.79774	316.7272
1999.00	9491.69	7493.31	40.80	316.26	556.93	14.55	408.00606	369.3991
2000.00	10921.31	7997.37	39.80	407.61	656.28	15.26	436.21438	430.8303
2001.00	11991.14	9463.07	34.30	510.10	1091.85	16.15	464.42270	502.4776
2002.00	12969.89	9396.45	40.30	954.53	1062.13	16.16	492.63103	586.0398
							520.83935	683.4985
							549.04767	797.1646

图 4.59

课 后 练 习

1. 对 15 家商业企业进行客户满意度调查，同时聘请相关专家对这 15 家企业的综合竞争力进行评分，结果见表 4.4

表 4.4

编 号	客户满意度得分	综合竞争力得分
1	90	70
2	100	80
3	150	150
4	130	140
5	120	90
6	110	120
7	40	20
8	140	130
9	10	60
10	20	30
11	80	100
12	70	110
13	30	10
14	50	40
15	60	50

这些数据能否说明企业的客户满意度与综合竞争力存在较强的正相关关系？为什么？

2. 为研究香烟消耗量与肺癌死亡率的关系，收集整理数据见表 4.5。

表 4.5

国 家	1950 年人均香烟消耗量	1950 年每百万男子中死于肺癌的人数
澳大利亚	480	180
加拿大	500	150
丹麦	380	170
芬兰	1100	350
英国	1100	460
荷兰	490	240
冰岛	230	60
挪威	250	90
瑞典	300	110
瑞士	510	250
美国	1300	200

绘制散点图,并计算相关系数,说明香烟消耗量与肺癌死亡率之间是否存在显著的相关关系.

3. 收集到某商品在不同地区的销售额、销售价格以及该地区平均家庭收入的数据,如表4.6所示.

表 4.6

销售额/万元	销售价格/元	家庭收入/元
100	50	10000
75	70	6000
80	60	12000
70	60	5000
50	80	3000
65	70	4000
90	50	13000
100	40	11000
110	30	13000
60	90	3000

(1) 绘制销售额、销售价格以及家庭收入两两变量间的散点图,如果所绘制的图形不能比较清晰地展示变量之间的关系,应对数据如何处理后再绘图?

(2) 选择恰当的统计方法分析销售额与销售价格之间的相关关系.

4. 数据 <学生成绩一.sav> 和 <学生成绩二.sav>,任意选择两门成绩作为解释变量和被解释变量,利用 SPSS 提供的绘制散点图功能进行一元线性回归分析,请绘制全部样本以及不同性别下两门成绩的散点图,并在图上绘制三条回归直线,其中,第一条针对全体样本,第二条和第三条分别针对男生样本和女生样本,并对各回归直线的拟合效果进行评价.

5. 请先收集某国家或地区若干年粮食总产量以及播种面积、使用化肥量、农业劳动人数等数据,然后建立多元线性回归方程,分析影响粮食总产量的主要因素,数据文件 <粮食总产量.sav>.

6. 试根据 <粮食总产量.sav> 数据,利用 SPSS 曲线估计方法选择恰当的模型,对样本期外的粮食总产量进行外推预测,并对平均预测预测误差进行估计.

第 5 章 SPSS的聚类分析

5.1 聚类分析的一般概念

聚类分析是统计学中研究"物以类聚"问题的多元统计分析方法．聚类分析在统计分析的各应用领域得到了广泛的应用．

聚类分析是一种探索性的分析，在分类的过程中，人们不必事先给出一个分类的标准，聚类分析能够从样本数据出发，自动进行分类．聚类分析所使用方法的不同，常常会得到不同的结论．不同研究者对于同一组数据进行聚类分析，所得到的聚类数未必一致．因此我们说聚类分析是一种探索性的分析方法．

对个案的聚类分析类似于判别分析，都是将一些观察个案进行分类．进行聚类分析时，个案所属的群组特点还未知．也就是说，在聚类分析之前，研究者还不知道独立观察组可以分成多少个类，类的特点也无从得知．

变量的聚类分析类似于因素分析．两者都可用于辨别变量的相关组别．不同之处在于，因素分析在合并变量的时候，是同时考虑所有变量之间的关系；而变量的聚类分析，则采用层次式的判别方式，根据个别变量之间的亲疏程度逐次进行聚类．

聚类分析的方法，主要有两种，一种是"快速聚类分析方法"（K‐Means Cluster Analy‐sis），另一种是"层次聚类分析方法"（Hierarchical Cluster Analysis）．如果观察值的个数多或文件非常庞大（通常观察值在 200 个以上），则宜采用快速聚类分析方法．因为观察值数目巨大，层次聚类分析的两种判别图形会过于分散，不易解释．

5.2 聚类分析中"亲疏程度"的度量方法

一、数值变量个体间距离的计算方式

（1）欧式距离

两个体 (x, y) 间的欧式距离是两个体 k 个变量值之间的平方和的平方根，数学定义为

$$\text{EUCLID}(x,y) = \sqrt{\sum_{i=1}^{k}(x_i - y_i)^2}$$

(2) 平方欧式距离

$$\text{SEUCLID}(x,y) = \sqrt{\sum_{i=1}^{k}(x_i - y_i)^2}$$

(3) 切比雪夫距离

两个体 (x, y) 间的切比雪夫距离是两个体 k 个变量值绝对差的最大值,数学定义为

$$\text{CHEBYCHEV}(x,y) = \max|x_i - y_i|$$

(4) 闵可夫斯基距离

两个体 (x, y) 间的闵可夫斯基距离是两个体 k 个变量值绝对差 p 次方总和的 p 次方根 (p 可以任意指定),数学定义为

$$\text{MINKOWSKI}(x,y) = \sqrt[p]{\sum_{i=1}^{k}|x_i - y_i|^p}$$

(5) 夹角余弦距离

两个体 (x, y) 间的夹角余弦距离的数学定义为

$$\text{COSINE}(x,y) = \frac{\sum_{i=1}^{k}(x_i y_i)^2}{\sqrt{(\sum_{i=1}^{k}x_i^2)(\sum_{i=1}^{k}y_i^2)}}$$

(6) 用户自定义距离

两个体 (x, y) 间的用户自定义距离是两个体 k 个变量值绝对差 p 次方总和的 q 次方根 (p, q 可以任意指定),数学定义为

$$\text{CUSTOMIZED}(x,y) = \sqrt[q]{\sum_{i=1}^{k}|x_i - y_i|^p}$$

二、计数变量个体间距离的计算方式

(1) 卡方距离

两个体 (x, y) 间的卡方距离的数学定义为

$$\text{CHISQ} = \sqrt{\sum_{i=1}^{k}\frac{[(x_i - E(x_i)]^2}{E(x_i)} + \sum_{i=1}^{k}\frac{[(y_i - E(y_i)]^2}{E(y_i)}}$$

(2) Phi 方距离

$$\text{PHISQ}(x,y) = \sqrt{\frac{\sum_{i=1}^{k}\frac{[(x_i - E(x_i)]^2}{E(x_i)} + \sum_{i=1}^{k}\frac{[(y_i - E(y_i)]^2}{E(y_i)}}{n}}$$

5.3 层次聚类

一、层次聚类的两种类型

(1) Q 型聚类

Q 型聚类是对样本进行聚类分析，它使具有相似特征的样本聚集在一起，使差异性大的样本分离开来．

(2) R 型聚类

R 型聚类是对变量进行聚类分析，它使具有相似特征的变量聚集在一起，使差异性大的变量分离开来．可在相似变量中选择少数具有代表性的变量参与其他分析，实现减少变量个数和变量降维的目的．

二、样本与小类、小类与小类间"亲疏程度"的度量方法

所谓小类，是在聚类过程中根据样本之间亲疏程度形成的中间类，小类和样本、小类与小类继续聚合，最终将所有样本都包括在一个大类中．

在 SPSS 聚类运算过程中，需要计算样本与小类、小类与小类之间的亲疏程度．SPSS 提供了多种计算方法（计算规则）．

(1) 最短距离法（Nearest Neighbor）

以当前某个样本与已经形成小类中的各样本距离的最小值作为当前样本与该小类之间的距离．

(2) 最长距离法（Furthest Neighbor）

以当前某个样本与已经形成小类中的各样本距离的最大值作为当前样本与该小类之间的距离．

(3) 类间平均链锁法（Between - groups Linkage）

两个小类之间的距离为两个小类内所有样本间的平均距离．

(4) 类内平均链锁法（Within - groups Linkage）

与小类间平均链锁法类似，这里的平均距离是对所有样本对的距离求平均值，包括小类之间的样本对、小类内的样本对．

(5) 重心法（Centroid Clustering）

将两小类间的距离定义成两小类重心间的距离．每一小类的重心就是该类中所有样本在各个变量上的均值代表点．

(6) 离差平方和法（Ward's Method）

小类合并的方法：在聚类过程中，使小类内各个样本的欧氏距离总平方和增加最小的两小类合并成一类．

三、层次聚类的基本操作

利用 2001 年全国 31 个省市自治区各类小康和现代化指数的数据 <小康指

数.sav>,根据六个变量:综合指数、社会结构、经济与技术发展、人口素质、生活质量、法制与治安,对地区进行聚类分析.

解:操作步骤:分析→分类→系统聚类(见图5.1)→将省市加入标注个案,将六个变量加入变量中,选择个案(见图5.2)→统计量(见图5.3)→绘制(见图5.4)→方法(见图5.5)

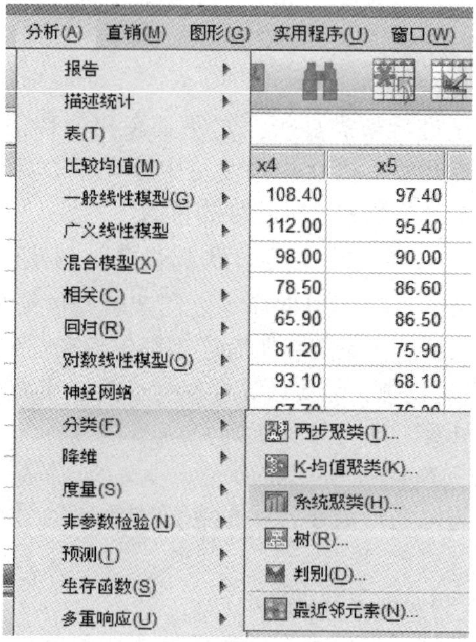

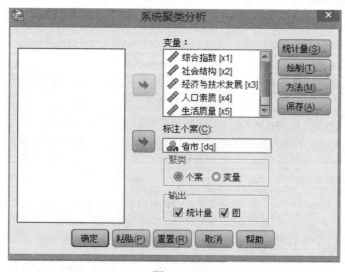

图 5.1

图 5.2

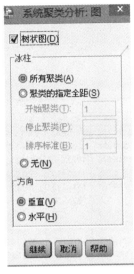

图 5.3

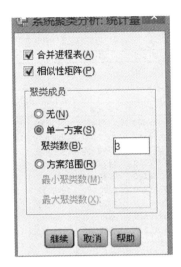

图 5.4

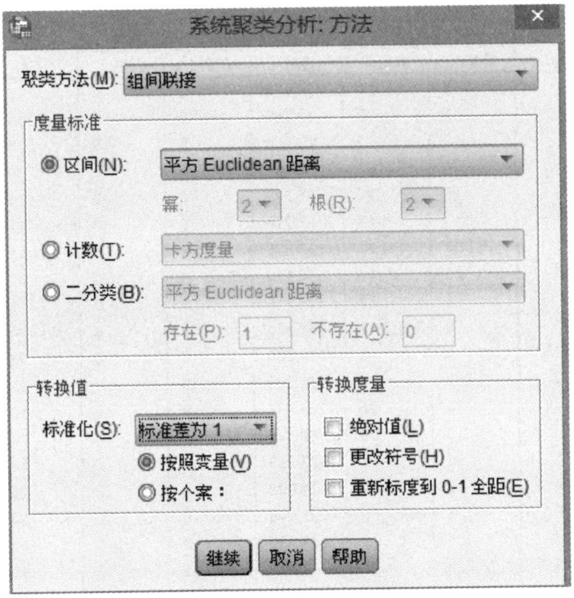

图 5.5

注：合并进程表：聚类分析凝聚状态表
相似性矩阵表：个体间的聚类矩阵
聚类成员：每个个体所归属的类别
单一方案：当分成3类时每个个体所属类别
结果：见图 5.6~图 5.9。

案例处理汇总[a]

案例					
有效		缺失		总计	
N	百分比	N	百分比	N	百分比
31	100.0	0	.0	31	100.0

a. 平均联结（组之间）

案例	1:北京	2:上海	3:天津	4:浙江	5:广东	6:江苏	7:辽宁	8:福建	9:山东
1:北京	.000	49.780	322.410	1372.710	2289.270	2520.480	2619.640	3375.660	4362.200
2:上海	49.780	.000	290.450	1420.150	2435.370	2320.960	2320.400	3321.160	4016.160
3:天津	322.410	290.450	.000	491.860	1141.480	1045.570	1272.550	1748.630	2343.670
4:浙江	1372.710	1420.150	491.860	.000	167.860	566.330	1100.450	522.570	1403.650
5:广东	2289.270	2435.370	1141.480	167.860	.000	794.750	1661.450	440.770	1514.990
6:江苏	2520.480	2320.960	1045.570	566.330	794.750	.000	326.200	424.360	295.240
7:辽宁	2619.640	2320.400	1272.550	1100.450	1661.450	326.200	.000	849.180	612.780
8:福建	3375.660	3321.160	1748.630	522.570	440.770	424.360	849.180	.000	561.220
9:山东	4362.200	4016.160	2343.670	1403.650	1514.990	295.240	612.780	561.220	.000
10:黑龙江	4354.200	3999.940	2463.390	1651.650	1961.750	522.760	320.940	679.660	269.700
11:吉林	5155.590	4752.930	3193.140	2390.120	2799.980	1056.230	469.090	1177.090	715.950

图 5.6

阶	群集组合		系数	首次出现阶群集		下一阶
	群集1	群集2		群集1	群集2	
1	26	28	39.470	0	0	7
2	1	2	49.780	0	0	18
3	12	13	72.980	0	0	6
4	24	27	73.190	0	0	9
5	19	21	85.290	0	0	16
6	12	18	87.210	3	0	12
7	26	30	153.585	1	0	15
8	15	17	156.130	0	0	12
9	24	29	158.715	4	0	13
10	10	11	167.290	0	0	14
11	4	5	167.860	0	0	23
12	12	15	181.298	6	8	16
13	24	25	207.787	9	0	19
14	10	23	269.735	10	0	24
15	20	26	273.293	0	7	19
16	12	19	274.099	12	5	20
17	6	9	295.240	0	0	22
18	1	3	306.430	2	0	29
19	20	24	378.826	15	13	21
20	12	14	404.797	16	0	24
21	20	22	464.552	19	0	25
22	6	7	469.490	17	0	27
23	4	8	481.670	11	0	27
24	10	12	610.921	14	20	26
25	20	31	785.312	21	0	26
26	10	20	934.567	24	25	28
27	4	6	986.264	23	22	29
28	10	16	1077.380	26	0	30

图 5.7

第5章 SPSS的聚类分析

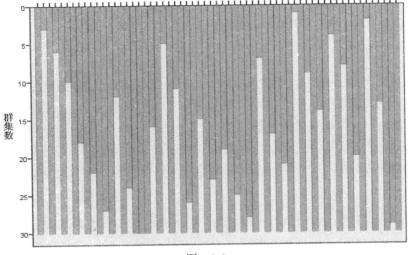

图 5.8

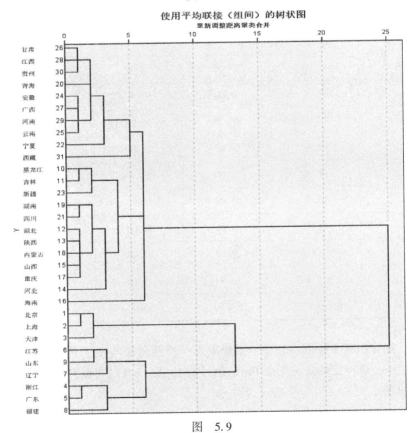

图 5.9

5.4 层次聚类分析中的 R 型聚类

一、R 型聚类在统计学上的定义和计算公式

层次聚类分析中的 R 型聚类是对研究对象的观察变量进行分类，它使具有共同特征的变量聚在一起．以便可以从不同类中分别选出具有代表性的变量做分析，从而减少分析变量的个数．

R 型聚类的计算公式和 Q 型聚类的计算公式是类似的，不同的是 R 型聚类是对变量间进行距离的计算，Q 型聚类则是对样本间进行距离的计算．

二、SPSS 中实现过程

对一个班同学的各科成绩进行聚类，分析哪些课程是属于一个类的．

聚类的依据是 4 门功课的考试成绩，数据如表 5.1 所示．

表 5.1

姓名	数学	物理	语文	政治
hxh	99.00	98.00	78.00	80.00
yaju	88.00	89.00	89.00	90.00
yu	79.00	80.00	95.00	97.00
shizg	89.00	78.00	81.00	82.00
hah	75.00	78.00	95.00	96.00
john	60.00	65.00	85.00	88.00
watet	79.00	87.00	50.00	51.00
jess	75.00	76.00	88.00	89.00
wish	60.00	56.00	89.00	90.00
liakii	100.00	100.00	85.00	84.00

解：操作步骤：分析→分类→系统聚类→将姓名加入标注个案，将四个变量加入变量中，选择变量（见图 5.10）→统计量（见图 5.11）→绘制（见图 5.12）→方法（见图 5.13）

第5章 SPSS的聚类分析

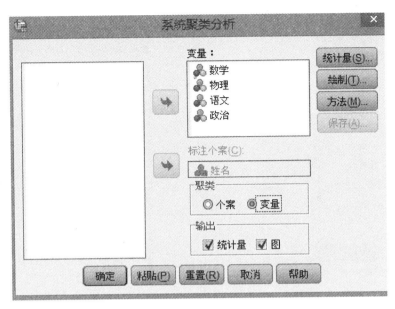

图 5.10

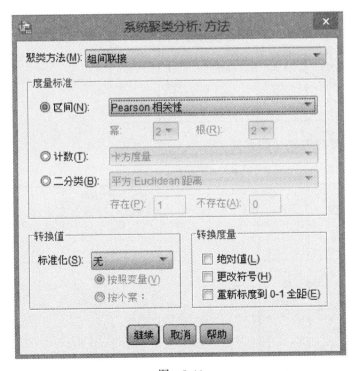

图 5.11

图 5.12

图 5.13

结果：见图 5.14 ~ 图 5.16.

近似矩阵

案例	矩阵文件输入			
	数学	物理	语文	政治
数学	1.000	.931	-.154	-.191
物理	.931	1.000	-.280	-.311
语文	-.154	-.280	1.000	.997
政治	-.191	-.311	.997	1.000

平均联结（组之间）

聚类表

阶	群集组合		系数	首次出现阶群集		下一阶
	群集1	群集2		群集1	群集2	
1	3	4	.997	0	0	3
2	1	2	.931	0	0	3
3	1	3	-.234	2	1	0

群集成员

案例	3 群集
数学	1
物理	2
语文	3
政治	3

图 5.14

第5章 SPSS的聚类分析

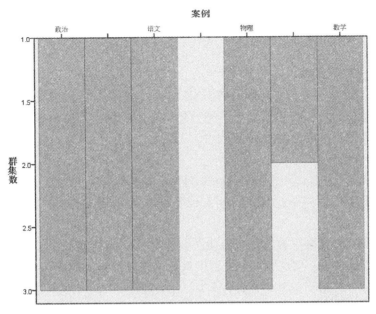

图 5.15

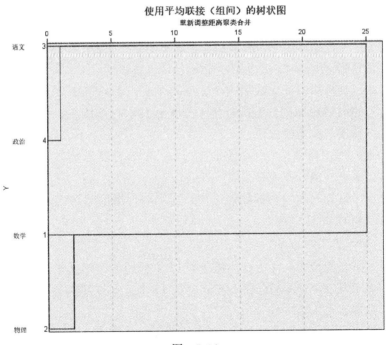

图 5.16

5.5 K-均值聚类分析

一、统计学上的定义和计算公式

SPSS 层次聚类分析对计算机的要求比较高，在大样本的情况下，可以采用快速聚类分析的方法．采用快速聚类分析，得到的结果比较简单易懂，对计算机的性能要求也不高，因此应用也比较广．

(1) 定义

快速聚类分析是由用户指定类别数的大样本资料的逐步聚类分析．它先对数据进行初始分类，然后逐步调整，得到最终分类．快速聚类分析的实质是 K-均值聚类分析．

和层次聚类分析一致，快速聚类分析也以距离为样本间亲疏程度的标志．但两者的不同在于：层次聚类分析可以对不同的聚类类数产生一系列的聚类解，快速聚类分析只能产生固定类数的聚类解，类数需要用户事先指定．

(2) 计算公式

快速聚类分析计算过程如下：

第一步，需要用户指定聚类成多少类（比如 k 类）．

第二步，SPSS 确定 k 个类的初始类中心点．SPSS 会根据样本数据的实际情况，选择 k 个有代表性的样本数据作为初始类中心．初始类中心也可以由用户自行指定，需要指定 k 组样本数据作为初始类中心点．

第三步，计算所有样本数据点到 k 个类中心点的欧氏距离，SPSS 按照距 k 个类中心点距离最短原则，把所有样本分派到各中心点所在的类中，形成一个新的 k 类，完成一次迭代过程．

第四步，SPSS 重新确定 k 个类的中心点．SPSS 计算每个类中各个变量的变量值均值，并以均值点作为新的类中心点．

第五步，重复上面的两步计算过程，直到达到指定的迭代次数或达到中心偏移程度（默认 0.02）为止．

二、SPSS 中实现过程

为研究不同公司的运营特点，调查了 15 个公司的组织文化、组织氛围、领导角色和员工发展 4 方面的内容．现要将这 15 个公司按照其各自的特点分成 4 种类型，数据如表 5.2 所示．

解：操作步骤：分析→分类→K-均值聚类（见图 5.17）→将姓名加入标注个案，将四个变量加入变量中，选择变量（见图 5.18）→统计量→绘制→方法（见图 5.19）．

表 5.2

公司	组织文化	组织氛围	领导角色	员工发展
Microsoft	80.00	85.00	75.00	90.00
IBM	85.00	85.00	90.00	90.00
Dell	85.00	85.00	85.00	60.00
Apple	90.00	90.00	75.00	90.00
联想	99.00	98.00	78.00	80.00
NPP	88.00	89.00	89.00	90.00
北京电子	79.00	80.00	95.00	97.00
清华紫光	89.00	78.00	81.00	82.00
北大方正	75.00	78.00	95.00	96.00
TCL	60.00	65.00	85.00	88.00
娃哈哈	79.00	87.00	50.00	51.00
Angel	75.00	76.00	88.00	89.00
Hussar	60.00	56.00	89.00	90.00
世纪飞扬	100.00	100.00	85.00	84.00
Vinda	61.00	64.00	89.00	60.00

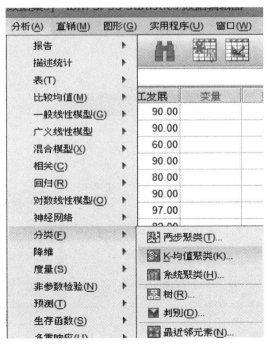

图 5.17

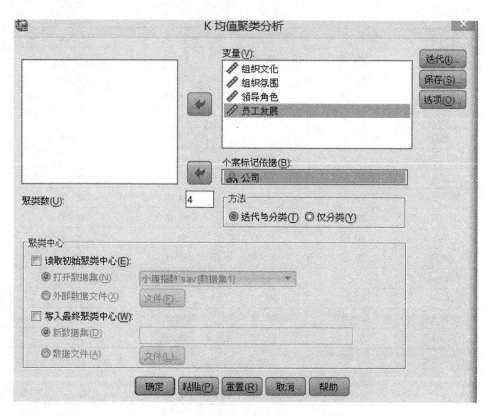

图 5.18

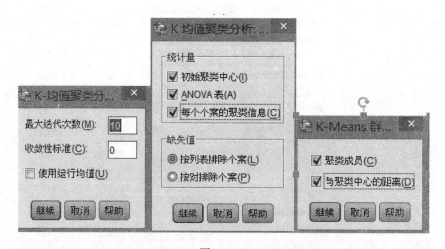

图 5.19

结果：见图 5.20 ~ 图 5.22.

初始聚类中心

	聚类			
	1	2	3	4
组织文化	79.00	60.00	85.00	100.00
组织氛围	87.00	56.00	85.00	100.00
领导角色	50.00	89.00	85.00	85.00
员工发展	51.00	90.00	60.00	84.00

迭代历史记录[a]

	聚类中心内的更改			
迭代	1	2	3	4
1	.000	16.531	11.885	13.841
2	.000	.000	.000	.000

a. 由于聚类中心内没有改动或改动较小而达到收敛。任何中心的最大绝对坐标更改为 .000。当前迭代为 2。初始中心间的最小距离为 32.031。

图 5.20

聚类成员

案例号	公司	聚类	距离
1	Microsoft	4	14.175
2	IBM	4	11.730
3	Dell	3	11.885
4	Apple	4	7.588
5	联想	4	13.841
6	NPP	4	8.139
7	北京电子	2	18.635
8	清华紫光	3	11.885
9	北大方正	2	14.887
10	TCL	2	11.013
11	娃哈哈	1	.000
12	Angel	2	9.623
13	Hussar	2	16.531
14	世纪飞扬	4	13.841
15	Vinda	2	28.289

最终聚类中心

	聚类			
	1	2	3	4
组织文化	79.00	68.33	87.00	90.33
组织氛围	87.00	69.83	81.50	91.17
领导角色	50.00	90.17	83.00	82.00
员工发展	51.00	86.67	71.00	87.33

图 5.21

最终聚类中心间的距离

聚类	1	2	3	4
1		57.393	39.790	49.899
2	57.393		27.953	31.721
3	39.790	27.953		19.296
4	49.899	31.721	19.296	

ANOVA

	聚类		误差			
	均方	df	均方	df	F	Sig.
组织文化	518.222	3	64.788	11	7.999	.004
组织氛围	468.256	3	62.561	11	7.485	.005
领导角色	467.367	3	29.530	11	15.827	.000
员工发展	500.356	3	114.424	11	4.373	.029

F 检验应仅用于描述性目的，因为选中的聚类将被用来最大化不同聚类中的案例间的差别。观测到的显著性水平并未据此进行更正，因此无法将其解释为是对聚类均值相等这一假设的检验。

每个聚类中的案例数

聚类	1	1.000
	2	6.000
	3	2.000
	4	6.000
有效		15.000
缺失		.000

图 5.22

课 后 练 习

1. 调查了 15 个公司的组织文化、领导角色和员工发展 3 个方面内容作为预测变量,因变量为公司对员工的吸引力. 为符合研究问题,将公司对员工的吸引力根据被测的实际填答情形,划分为高吸引力组(group = 1)、中吸引力组(group = 2)和低吸引力组(group = 3),数据如表 5.3 所示.

表 5.3

公 司	组织文化	领导角色	员工发展
Microsoft	80.00	75.00	90.00
IBM	85.00	90.00	90.00
Dell	85.00	85.00	60.00
Apple	90.00	75.00	90.00
联想	99.00	78.00	80.00
NPP	88.00	89.00	90.00
北京电子	79.00	95.00	97.00
清华紫光	89.00	81.00	82.00
北大方正	75.00	95.00	96.00
TCL	60.00	85.00	88.00
娃哈哈	79.00	50.00	51.00
Angel	75.00	88.00	89.00
Hussar	60.00	89.00	90.00
世纪飞扬	100.00	85.00	84.00
Vinda	61.00	89.00	60.00

2. 根据 <高校科研研究.sav> 数据,利用层次聚类分析对各省市的高校科研情况进行层次聚类分析.

(1) 绘制聚类树形图,说明哪些省市聚在一起.

(2) 利用方差分析方法分析各类在哪些科研指标上存在显著差异.

3. 关于 2001 年全国 31 个省市自治区各类小康和现代化指数的数据 <小康指数.sav>,对地区进行 K-均值聚类分析,分成 3 类,初始分类中心点由 SPSS 自行确定.

4. 收集到意大利、韩国、罗马尼亚、法国、中国、美国、俄罗斯的裁判员以及热心观众分别给300名运动员平均打分的数据 <裁判打分.sav>，分析各国裁判员的打分标准是否具有相似性.

5. 对一个班同学的各科成绩进行聚类分析，分析哪些课程是属于一个类的. 聚类的依据是4门功课的考试成绩，数据如表5.4所示.

表 5.4

姓 名	数 学	物 理	语 文	政 治
hxh	99.00	98.00	78.00	80.00
yaju	88.00	89.00	89.00	90.00
yu	79.00	80.00	95.00	97.00
shizg	89.00	78.00	81.00	82.00
hah	75.00	78.00	95.00	96.00
john	60.00	65.00	85.00	88.00
watet	79.00	87.00	50.00	51.00
jess	75.00	76.00	88.00	89.00
wish	60.00	56.00	89.00	90.00
liakii	100.00	100.00	85.00	84.00

6. 根据数据文件 <各地区年平均收入.sav> 进行以下练习：

（1）采用层次聚类分析法（个体间距定义为平方欧氏距离，类间距离定义为类间平均链锁距离）将数据聚为三类，并绘制碎石图.

（2）采用K-均值聚类分析方法，从类内相似性和类间差异性角度分析将数据聚为几类恰当.

第 6 章 判别分析

6.1 判别分析的一般概念

一、定义

判别分析先根据已知类别的事物的性质（自变量），建立函数式（自变量的线性组合，即判别函数），然后对未知类别的新事物进行判断，将之归入已知的类别中．

二、判别分析的假定

(1) 预测变量服从正态分布．
(2) 预测变量之间没有显著的相关性．
(3) 预测变量的平均值和方差不相关．
(4) 预测变量应是连续变量，因变量（类别或组别）是间断变量．
(5) 两个预测变量之间的相关性在不同类中是一样的．

三、在判别分析的各个阶段应把握的原则

(1) 判别分析前组别（类）的分类标准（作为判别分析的因变量）要尽可能准确和可靠，否则会影响判别函数的准确性，从而影响判别分析的效果．

(2) 所分析的自变量应是因变量的重要影响因素，应该挑选既有重要特性又有区别能力的变量，达到以最少变量而有高辨别能力的目标．

(3) 初始分析的数目不能太少．

6.2 判别分析的实现过程

一、SPSS 中使用的判别方法

SPSS 的判别分析过程中默认情况下使用的是 Fisher 判别，给出的是标准化的 Fisher 判别函数的系数．

在指定选项后也可以给出 Bayes 判别的结果．但容易引起误会的是，用于输出 Bayes 判别的复选框的名字恰恰就叫 Fisher！这是因为按判别函数值最大的一组进行归类这种思想是 Fisher 提出的，故而 SPSS 会如此命名．

SPSS 中判别方法的选择：

Fisher's：给出 Bayes 判别函数，而不是 Fisher 判别函数．

Unstandardized：给出 Fisher 判别法建立的判别函数的未标准化系数．由于可以将实测值直接代入方程计算判别得分，该系数使用起来较标准化系数更方便一些．

二、判别分析的参数指标

（1）判别系数（函数系数 function coefficient）

判别系数分为非标准化判别系数（unstandardized discriminant coefficient）和标准化判别系数（standardized discriminant coefficient）．

非标准化判别系数（函数）是用来计算判别值（discriminant score）的．

注：比较各变量对判别值的相对作用程度：哪个变量的标准化系数的绝对值大，就意味着它对判别值有较大影响．

（2）Bayes 判别系数

Bayes 判别系数可以直接进行一个样品的判断，最大的一个值对应的分组便是判别分组．

（3）结构系数（structural coefficient）

结构系数又称为判别负载（discriminant loading），实际上是某个判别变量 x_i 与判别值 y 之间的相关系数，它表达了两者之间的拟合水平：绝对值很大（接近 +1 或 −1），这个函数表达的信息与这个变量表达的信息几乎完全相同；绝对值接近 0，两者之间几乎没什么共同之处．

结构系数有两种，一种是总结构系数（识别函数所携带的在分组间进行鉴别的信息），另一种是组内结构系数．

主要考虑的是组内相关（pooled within-groups correlations）的结构系数又称为组内结构系数（within-groups structure coefficient），表示函数与分组内部变量的紧密联系程度．

（4）组重心（group centroid）

组重心是描述在判别空间中每一类的中心位置，每个判别函数值是每类在各判别轴上的坐标．

（5）判别指数（方差百分比 percent of variance）

判别指数（potency index）有时更直接地称为方差百分比，所表示的值越大说明分组差异越显著，即该判别函数对总的判别结果影响越明显（判别能力越强）．

在判别分析中，一个判别函数所代表的方差量用所对应的特征值（eigenvalue）来相对表示，即组间偏差平方和与组内偏差平方和之比．

典型相关系数 (canonical correlations)

$$\text{Can. Corr} = \sqrt{\frac{\text{Eigenvalue}_i}{1+\text{Eigenvalue}_i}}$$

值越大,在这一判别轴上分组差异越明显.

(6) 剩余判别指标 (Wilks' Lambda)

当资料来源于一个样本,计算出判别函数而又想推断它在判别总体案例时的情况涉及的统计显著性问题.

"剩余"的含义:在之前计算的判别函数已经提取过原始信息后,剩余的变量信息对于判别分组的能力.

间接地进行判别函数的显著性检验,其值越小表示越高的判别力.

实际上,在得到 SPSS 关于判别函数的输出结果后,首先要检查的就是剩余判别力的检验,以评价到哪一步是有意义的. 在出现不显著的结果以后,就用不着进一步分析后面给出的判别函数了,而应将注意力转向判别系数、结构系数及判别力指数的分析.

三、默认值判别分析

选用数据文件 <公司特点.sav>,对其使用默认值进行判别分析.

解:操作步骤:分析→分类→判别(见图 6.1)→将 Group 加入分组变量并定义范围→将组织文化、领导角色、员工发展加入自变量(见图 6.2)→确定

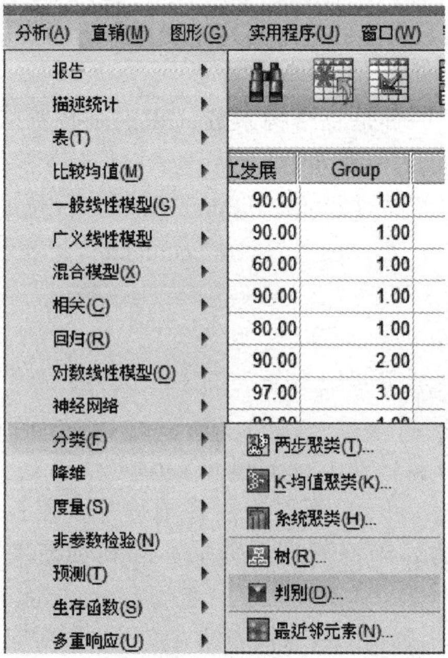

图 6.1

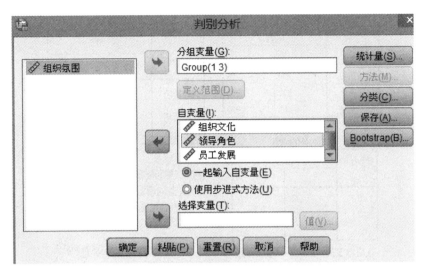

图 6.2

结果：

见图6.3，第一特征值为0.555，解释了76.1%的变异.

特征值

函数	特征值	方差的 %	累积 %	正则相关性
1	.555ᵃ	76.1	76.1	.597
2	.175ᵃ	23.9	100.0	.385

a. 分析中使用了前 2 个典型判别式函数。

Wilks 的 Lambda

函数检验	Wilks 的 Lambda	卡方	df	Sig.
1 到 2	.548	6.624	6	.357
2	.851	1.769	2	.413

图 6.3

第二特征值为0.175，累计解释100%的变异.

典型相关系数为0.597和0.385，在判别轴上的分组差异明显.

判别函数为0.357和0.413的显著性水平，或者说在0.05的显著性水平下，此判别函数不显著.

如图6.4所示，利用Fisher判别函数计算出各观测值具体坐标后，再计算出离各重心的距离，则可得知分类情况.

标准化的典型判别式函数系数

	函数	
	1	2
组织文化	-.550	.726
领导角色	.827	.373
员工发展	-.062	.399

组质心处的函数

Group	函数	
	1	2
1.00	-.202	.331
2.00	-1.228	-.658
3.00	.814	-.266

在组均值处评估的非标准化典型判别式函数

结构矩阵

	函数	
	1	2
领导角色	.830*	.539
组织文化	-.609	.736*
员工发展	.331	.661*

判别变量和标准化典型判别式函数之间的汇聚组间相关性
 按函数内相关性的绝对大小排序的变量。

*. 每个变量和任意判别式函数间最大的绝对相关性

图 6.4

四、选择项判别分析

操作步骤：分析→分类→判别→将 Group 加入分组变量并定义范围→将组织文化、领导角色、员工发展加入自变量（见图 6.5）→统计量（见图 6.6）→继续→分类（见图 6.7）→继续→保存（见图 6.8）→继续→确定

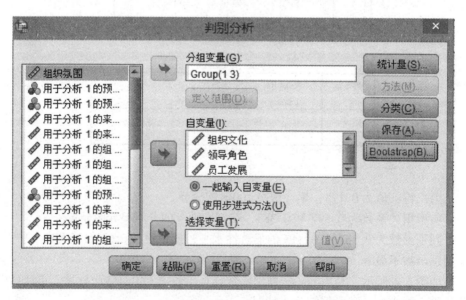

图 6.5

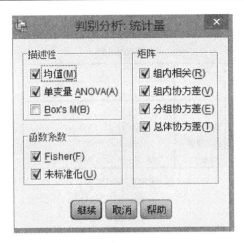

图 6.6

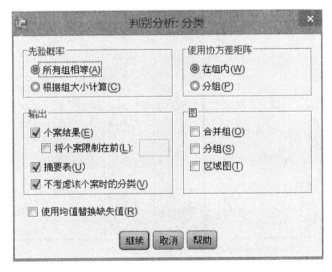

图 6.7

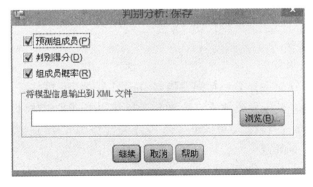

图 6.8

结果：见图 6.9 ~ 图 6.10.

分类函数系数

	Group		
	1.00	2.00	3.00
组织文化	.622	.609	.540
领导角色	.833	.711	.894
员工发展	.060	.037	.039
(常量)	-64.709	-52.542	-61.776

Fisher 的线性判别式函数。

图 6.9

分类结果^{b,c}

		Group	预测组成员			合计
			1.00	2.00	3.00	
初始	计数	1.00	6	0	2	8
		2.00	1	1	0	2
		3.00	1	0	4	5
	%	1.00	75.0	0	25.0	100.0
		2.00	50.0	50.0	0	100.0
		3.00	20.0	.0	80.0	100.0
交叉验证^a	计数	1.00	3	2	3	8
		2.00	2	0	0	2
		3.00	2	0	3	5
	%	1.00	37.5	25.0	37.5	100.0
		2.00	100.0	.0	.0	100.0
		3.00	40.0	.0	60.0	100.0

a. 已对初始分组案例中的 73.3% 个进行了正确分类。
b. 仅对分析中的案例进行交叉验证。在交叉验证中，每个案例都是按照从该案例以外的所有其他案例派生的函数来分类的。
c. 已对交叉验证分组案例中的 40.0% 个进行了正确分类。

图 6.10

五、逐步判别分析

操作步骤：分析→分类→判别→将 Group 加入分组变量并定义范围→将组织文化、领导角色、员工发展加入自变量并选择使用步进式方法（见图 6.11）→统计量（见图 6.12）→继续（见图 6.13）→分类（见图 6.14）→继续→保存（见图 6.15）→继续→确定

结果：见图 6.16 ~ 图 6.17.

第6章 判别分析

图 6.11

图 6.12

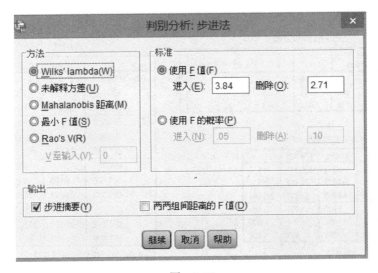

图 6.13

211

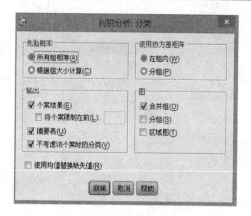

图 6.14

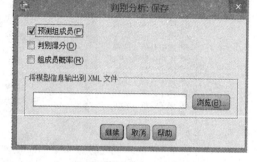

图 6.15

分析案例处理摘要

未加权案例		N	百分比
有效		15	100.0
排除的	缺失或越界组代码	0	.0
	至少一个缺失判别变量	0	.0
	缺失或越界组代码还有至少一个缺失判别变量	0	.0
	合计	0	.0
合计		15	100.0

组统计量

Group		均值	标准差	有效的 N（列表状态）	
				未加权的	已加权的
1.00	组织文化	84.7500	8.11964	8	8.000
	领导角色	83.3750	7.34725	8	8.000
	员工发展	84.6250	11.14755	8	8.000
2.00	组织文化	83.5000	6.36396	2	2.000
	领导角色	69.5000	27.57716	2	2.000
	员工发展	70.5000	27.57716	2	2.000
3.00	组织文化	72.0000	17.62101	5	5.000
	领导角色	88.6000	4.09878	5	5.000
	员工发展	83.8000	14.11382	5	5.000
合计	组织文化	80.3333	12.72605	15	15.000
	领导角色	83.2667	11.10641	15	15.000
	员工发展	82.4667	14.04008	15	15.000

图 6.16

组均值的均等性的检验

	Wilks 的 Lambda	F	df1	df2	Sig.
组织文化	.769	1.800	2	12	.207
领导角色	.698	2.595	2	12	.116
员工发展	.879	.822	2	12	.463

汇聚的组内矩阵[a]

		组织文化	领导角色	员工发展
协方差	组织文化	145.333	-7.813	14.813
	领导角色	-7.813	100.465	75.935
	员工发展	14.813	75.935	202.265
相关性	组织文化	1.000	-.065	.086
	领导角色	-.065	1.000	.533
	员工发展	.086	.533	1.000

a. 协方差矩阵的自由度为 12。

协方差矩阵[a]

Group		组织文化	领导角色	员工发展
1.00	组织文化	65.929	-35.321	-33.250
	领导角色	-35.321	53.982	12.732
	员工发展	-33.250	12.732	124.268
2.00	组织文化	40.500	175.500	175.500
	领导角色	175.500	760.500	760.500
	员工发展	175.500	760.500	760.500
3.00	组织文化	310.500	-5.500	58.750
	领导角色	-5.500	16.800	15.400
	员工发展	58.750	15.400	199.200
合计	组织文化	161.952	-28.524	8.762
	领导角色	-28.524	123.352	91.295
	员工发展	8.762	91.295	197.124

a. 总的协方差矩阵的自由度为 14。

图 6.17

课 后 练 习

1. 为研究2012年中国城镇居民医疗支出状况，按权威机构提供的方法将30个省、市、自治区分为三种类型，见表6.1. 试判定广东、西藏分别属于哪个支出类型.

x_1：人均生活费收入

x_2：人均国有经济单位职工工资

x_3：人均来源于国有经济单位标准工资

x_4：人均集体所有制工资收入

x_5：人均集体所有制职工标准工资

x_6：人均各种奖金、超额工资（国有＋集体）

x_7：人均各种津贴（国有＋集体）

x_8：人均从工作单位得到的其他收入

x_9：个体劳动者收入

表 6.1

类区	样品序序	地区	x_1	x_2	x_3	x_4	x_5	x_6	x_7	x_8	x_9
G_1	1	北京	170.03	110.2	59.76	8.38	4.49	26.80	16.44	11.9	0.41
	2	天津	141.55	82.58	50.98	13.4	9.33	21.30	12.36	9.21	1.05
	3	河北	119.40	83.33	53.39	11.0	7.52	17.30	11.79	12.0	0.70
	4	上海	194.53	107.8	60.24	15.6	8.88	31.00	21.01	11.8	0.16
	5	山东	130.46	86.21	52.30	15.9	10.5	20.61	12.14	9.61	0.47
	6	湖北	119.29	85.41	53.02	13.1	8.44	13.87	16.47	8.38	0.51
	7	广西	134.46	98.61	48.18	8.90	4.34	21.49	26.12	13.6	4.56
	8	海南	143.79	99.97	45.60	6.30	1.56	18.67	29.49	11.8	3.82
	9	四川	128.05	74.96	50.13	13.9	9.62	16.14	10.18	14.5	1.21
	10	云南	127.41	93.54	50.57	10.5	5.87	19.41	21.20	12.6	0.90
	11	新疆	122.96	101.4	69.70	6.30	3.86	11.30	18.96	5.62	4.62
G_2	1	山西	102.49	71.72	47.72	9.42	6.96	13.12	7.9	6.66	0.61
	2	内蒙古	106.14	76.27	46.19	9.65	6.27	9.655	20.10	6.97	0.96
	3	吉林	104.93	72.99	44.60	13.7	9.01	9.435	20.61	6.65	1.68
	4	黑龙江	103.34	62.99	42.95	11.1	7.41	8.342	10.19	6.45	2.68
	5	江西	98.089	69.45	43.04	11.4	7.95	10.59	16.50	7.69	1.08
	6	河南	104.12	72.23	47.31	9.48	6.43	13.14	10.43	8.30	1.11
	7	贵州	108.49	80.79	47.52	6.06	3.42	13.69	16.53	8.37	2.85
	8	陕西	113.99	75.6	50.88	5.21	3.86	12.94	9.492	6.77	1.27
	9	甘肃	114.06	84.31	52.78	7.81	5.44	10.82	16.43	3.79	1.19
	10	青海	108.80	80.41	50.45	7.27	4.07	8.371	18.98	5.95	0.83
	11	宁夏	115.96	88.21	51.85	8.81	5.63	13.95	22.65	4.75	0.97

(续)

样品序类	序	地区	x_1	x_2	x_3	x_4	x_5	x_6	x_7	x_8	x_9
G_3	1	辽宁	128.46	68.91	43.41	22.4	15.3	13.88	12.42	9.01	1.41
	2	江苏	135.24	73.18	44.54	23.9	15.2	22.38	9.661	13.9	1.19
	3	浙江	162.53	80.11	45.99	24.3	13.9	29.54	10.90	13.0	3.47
	4	安徽	111.77	71.07	43.64	19.4	12.5	16.68	9.698	7.02	0.63
	5	福建	139.09	79.09	44.19	18.5	10.5	20.23	16.47	7.67	3.08
	6	湖南	124.00	84.66	44.05	13.5	7.47	19.11	20.49	10.3	1.76
待判	1	广东	211.30	114.0	41.44	33.2	11.2	48.72	30.77	14.9	11.1
	2	西藏	175.93	163.8	57.89	4.22	3.37	17.81	82.32	15.7	0.00

2. 在企业的考核中,可以根据企业的生产经营情况把企业分为优秀企业和一般企业. 考核企业经营状况的指标有:

资金利润率 = 利润总额/资金占用总额
劳动生产率 = 总产值/职工平均人数
产品净值率 = 净产值/总产值

三个指标的均值向量和协方差矩阵如表6.2所示. 现有两个企业, 观测值分别为 (7.8, 39.1, 9.6) 和 (8.1, 34.2, 6.9), 问这两个企业应该属于哪一类?(用距离判别法)

表 6.2

变量	均值向量		协方差矩阵		
	优秀	一般			
资金利润率	13.5	5.4	68.39	40.24	21.41
劳动生产率	40.7	29.8	40.24	54.58	11.67
产品净值率	10.7	6.2	21.41	11.67	7.90

3. 对数据文件 <粮食总产量.sav> 进行判别分析, 分析哪些因素是影响粮食总产量的主要因素.

4. 对数据文件 <各地区年平均收入.sav> 进行逐步判别分析.

第 7 章 因子分析与主成分分析

7.1 因子分析

7.1.1 因子分析概述

一、因子分析的意义

假定你是一个公司的财务经理,掌握了公司的所有数据,如固定资产、流动资金、每一笔借贷的数额和期限、各种税费、工资支出、原料消耗、产值、利润、折旧、职工人数、职工的分工和教育程度等.

如果让你向上级领导介绍公司状况,你能够把这些指标和数字都原封不动地摆出去吗?

你必须要把各个方面作出高度概括,用一两个指标简单明了地把情况说清楚.

这些数据的共同特点是变量很多,在如此多的变量之中,有很多是相关的. 人们希望能够找出它们的少数"代表"来对它们进行描述.

二、因子分析

20 世纪 Karl Pearson 和 Charles Spearman 研究智力测试问题时提出了因子分析.

因子分析以最少的信息丢失为前提,将众多的原有变量和成较少的几个综合指标,为因子.

因子的个数远远少于原有变量的个数,能够反映原有变量的绝大部分信息,因子之间线性关系不明显,因子具有命名解释性.

三、因子分析数学模型和相关概念

设有 p 个原有变量 $x_1, x_2, x_3, \cdots, x_p$,且每个变量(经标准化处理之后)的均值为 0,标准差均为 1. 现将每个原有变量用 $k(k<p)$ 个因子 $f_1, f_2, f_3, \cdots, f_k$ 的线性组合来表示,则有

$$\begin{cases} x_1 = a_{11}f_1 + a_{12}f_2 + a_{13}f_3 + \cdots + a_{1k}f_k + \varepsilon_1, \\ x_2 = a_{21}f_1 + a_{22}f_2 + a_{23}f_3 + \cdots + a_{2k}f_k + \varepsilon_2, \\ x_3 = a_{31}f_1 + a_{32}f_2 + a_{33}f_3 + \cdots + a_{3k}f_k + \varepsilon_3, \\ \quad\quad\quad\quad\quad\quad\quad \vdots \\ x_p = a_{p1}f_1 + a_{p2}f_2 + a_{p3}f_3 + \cdots + a_{pk}f_k + \varepsilon_p, \end{cases}$$

也可用矩阵形式表示为

$$X = AF + \varepsilon$$

（1）因子载荷：因子载荷 a_{ij} 是变量 x_i 与因子 f_j 的相关系数，反映了变量 x_i 和因子 f_j 的相关程度．因子载荷 a_{ij} 的绝对值小于等于 1，绝对值越接近 1，表明因子 f_j 与变量 x_i 的相关性越强．

（2）变量的共同度：即变量方差，变量 x_i 的共同度 h_i^2 的数学定义为

$$h_i^2 = \sum_{j=1}^{k} a_{ij}^2$$

（3）因子的方差贡献率：因子 f_i 的方差贡献率的数学定义为

$$S_j^2 = \sum_{i=1}^{p} a_{ij}^2$$

7.1.2　因子分析基本内容

一、因子分析的基本步骤

（1）分析因子分析的前提条件——变量之间有较强的相关性；
（2）提取因子；
（3）使因子具有命名的解释性——因子有可解释性；
（4）计算各样本的因子得分——结算各样本在各因子上的得分以备后用．

二、因子分析的前提条件

因子分析的前提条件是变量之间有较强的相关性．判定变量间有强相关性有以下方法．

（1）相关系数矩阵大部分相关系数都小于 0.3.
（2）计算反映像相关矩阵（Anti-image Correlation Matrix），包括负的偏协方差和负的偏相关系数．

反映像相关矩阵第 i 行对角线上的元素为变量 x_i 的 MSA 统计量，其数学定义为

$$\mathrm{MSA}_i = \frac{\sum_{j \neq i} r_{ij}^2}{\sum_{j \neq i} r_{ij}^2 + \sum_{j \neq i} p_{ij}^2}$$

(3) 巴特利特球度检验（Bartlett Test of Sphericity）

原假设：原有变量的相关系数矩阵为单位阵.

统计量：根据相关系数矩阵的行列式得到，服从卡方分布检验.

结论：拒绝原假设，认为与单位阵有显著差异，则适合用因子分析.

(4) KMO 检验

KMO 是用于比较变量间简单相关系数和偏相关系数的指标，数学定义为

$$\mathrm{KMO} = \frac{\sum\sum_{j \neq i} r_{ij}^2}{\sum\sum_{j \neq i} r_{ij}^2 + \sum\sum_{j \neq i} p_{ij}^2}$$

KMO 取值在 0 到 1 之间，越接近 1，表明与其他变量的相关性越强.

KMO 取值在 0.9 以上：非常适合，0.8～0.9：表示适合，0.7～0.8：表示一般，0.6～0.7：不太适合，0.5 以下：极不适合.

三、因子提取和因子载荷矩阵的求解

(1) 根据特征值的大小确定因子数（一般大于 1 的个数）

注：如图 7.1 所示，从特征值 3 开始，就像"高山脚下的碎石"，可以丢弃，此题可以使用 2 个因子.

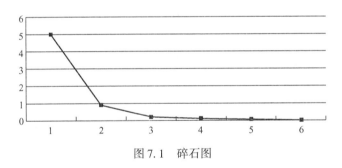

图 7.1 碎石图

(2) 根据因子的累计方差贡献率确定因子数

$$a_k = \frac{\sum_{i=1}^{k} S_i^2}{p} = \frac{\sum_{i=1}^{k} \lambda_i}{\sum_{i=1}^{p} \lambda_i}$$

根据累计方差贡献率大于 0.85 时的特征值个数的因子个数 k.

四、因子的命名

(1) 奥运会十项全能运动项目得分数据的因子分析

百米跑成绩 X_1；跳远成绩 X_2；铅球成绩 X_3；跳高成绩 X_4；400m 跑成绩 X_5；百米跨栏 X_6；铁饼成绩 X_7；撑杆跳高成绩 X_8；标枪成绩 X_9；1500m 跑成绩 X_{10}

$$\begin{pmatrix}
1 & & & & & & & & & \\
0.59 & 1 & & & & & & & & \\
0.35 & 0.42 & 1 & & & & & & & \\
0.34 & 0.51 & 0.38 & 1 & & & & & & \\
0.63 & 0.49 & 0.19 & 0.29 & 1 & & & & & \\
0.40 & 0.52 & 0.36 & 0.46 & 0.34 & 1 & & & & \\
0.28 & 0.31 & 0.73 & 0.27 & 0.17 & 0.32 & 1 & & & \\
0.20 & 0.36 & 0.24 & 0.39 & 0.23 & 0.33 & 0.24 & 1 & & \\
0.11 & 0.21 & 0.44 & 0.17 & 0.13 & 0.18 & 0.34 & 0.24 & 1 & \\
-0.07 & 0.09 & -0.08 & 0.18 & 0.39 & 0.01 & -0.02 & 0.17 & -0.02 & 1
\end{pmatrix}$$

载荷矩阵第 i 行：表示原有的变量与因子的关系，若大部分值都大于 0.5，说明变量 X_i 与大部分因子都有关系．

载荷矩阵第 j 列：若第 j 列的多个值都比较大，说明第 j 个因子能够解释多个原变量的信息，且只能解释变量 X_i 的少部分信息，从而不能典型代表任何原变量 X_i，F_i 实际意义不清楚．

见表 7.1，因子载荷矩阵可以看出，除第一因子在所有的变量在公共因子上有较大的正载荷，可以称为一般运动因子．其他的 3 个因子不太容易解释．似乎是跑和投掷的能力对比，似乎是长跑耐力和短跑速度的对比．于是考虑旋转因子，得表 7.2．

表 7.1

变量	F_1	F_2	F_3	F_4	共同度
X_1	0.691	0.217	-0.58	-0.206	0.84
X_2	0.789	0.184	-0.193	0.092	0.7
X_3	0.702	0.535	0.047	-0.175	0.8
X_4	0.674	0.134	0.139	0.396	0.65
X_5	0.62	0.551	-0.084	-0.419	0.87
X_6	0.687	0.042	-0.161	0.345	0.62
X_7	0.621	-0.521	0.109	-0.234	0.72
X_8	0.538	0.087	0.411	0.44	0.66
X_9	0.434	-0.439	0.372	-0.235	0.57
	0.147	0.596	0.658	-0.279	0.89

表 7.2

变量	F_1	F_2	F_3	F_4	共同度
$\overline{X}_1$	0.844*	0.136	0.156	-0.113	0.84
$\overline{X}_2$	0.631*	0.194	0.515*	-0.006	0.7
$\overline{X}_3$	0.243	0.825*	0.223	-0.148	0.81
$\overline{X}_4$	0.239	0.15	0.750*	0.076	0.65

（续）

变量	F_1	F_2	F_3	F_4	共同度
$\bar{X}_5$	0.797*	0.075	0.102	0.468	0.87
$\bar{X}_6$	0.404	0.153	0.635*	-0.17	0.62
$\bar{X}_7$	0.186	0.814*	0.147	-0.079	0.72
$\bar{X}_8$	-0.036	0.176	0.762*	0.217	0.66
$\bar{X}_9$	-0.048	0.735*	0.11	0.141	0.57
	0.045	-0.041	0.112	0.934*	0.89

通过旋转，因子有了较为明确的含义．百米跑（X_1），跳远（X_2）和400m跑（X_5），需要爆发力的项目在 F_1 有较大的载荷，可以称为短跑速度因子；铅球（X_3），铁饼（X_7）和标枪（X_9）在 F_2 上有较大的载荷，可以称为爆发性臂力因子；百米跨栏（X_6），撑杆跳高（X_8），跳远（X_2）和跳高（X_4）在 F_3 上有较大的载荷，可以称为爆发腿力因子；F_4 为长跑耐力因子．

（2）因子旋转——因子载荷图

如图 7.2 所示，F_1，F_2 的因子载荷图，十个变量在 F_1，F_2 上的因子载荷比较均匀．F_1，F_2 因子含义不清．

如图 7.3 所示，六个变量在 F_1' 上的因子载荷比较高，四个变量在 F_2' 上的因子载荷比较高．F_1，F_2 因子含义较轻．

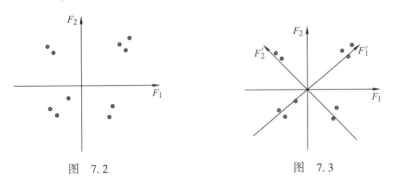

图 7.2　　　　　　　　　　图 7.3

（3）因子旋转方法：正交旋转，斜交旋转

正交旋转是始终保持因子间不相关的因子旋转方法．

斜交旋转是为了解释性强，旋转的过程中因子间可以成任何角度的因子旋转方法．

五、计算因子得分

因子得分是计算各个因子在每个样本上的具体数值，这些数值称为因子的分，形成的变量称为因子变量．

计算因子得分的目的是在后续的分析中可以用因子变量代替原有的变量进

行数据建模，或用因子变量对样本进行分类或评价，实现降维和简化.

第 j 个因子在第 i 个样本观测上的值可表示为

$$F_{ji} = \tilde{\omega}_{j1}x_{1i} + \tilde{\omega}_{j2}x_{2i} + \cdots + \tilde{\omega}_{jp}x_{pi}, \quad j=1, 2, \cdots, k. \tag{1}$$

$x_{1i}, x_{2i}, \cdots, x_{pi}$ 分别是第 $1, 2, \cdots, p$ 个原有变量在第 i 个样本观测上的取值；$\tilde{\omega}_{j1}, \tilde{\omega}_{j2}, \cdots, \tilde{\omega}_{jp}$ 分别是第 j 个因子和第 $1, 2, \cdots, p$ 个原有变量间的因子系数.

因子得分函数

$$F_j = \tilde{\omega}_{j1}x_1 + \tilde{\omega}_{j2}x_2 + \cdots + \tilde{\omega}_{jp}x_p, \quad j=1,2,\cdots,k. \tag{2}$$

K 个方程，p 个未知数（$k<p$），用最小二乘估计求系数，可以证明式（2）中回归系数的最小二乘估计满足

$$W_j R = S_j$$

R 为原有变量的相关矩阵；

$S_j = (s_{1j}, s_{2j}, \cdots, s_{pj})$ 是第 $1, 2, \cdots, p$ 个变量与第 j 个因子的相关系数.

解得

$$W_j = S_j R^{-1}$$

7.1.3 因子分析的基本操作及案例

一、基本操作

分析→降维（见图 7.4）→因子分析（见图 7.5）→描述统计（见图 7.6）→继续→确定

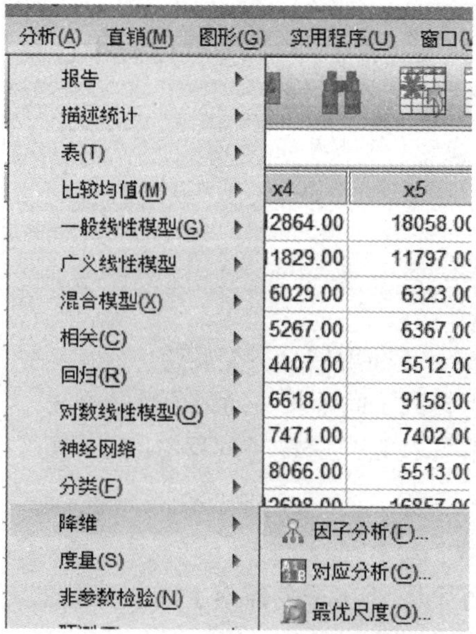

图 7.4

第7章　因子分析与主成分分析

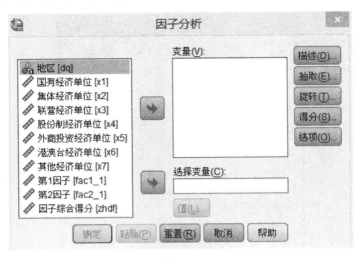

图　7.5

原始分析结果：输出因子分析的初始解．
相关矩阵：考察因子分析的条件的方法及输出结果．
分析：指定提取因子的依据．（图7.7）

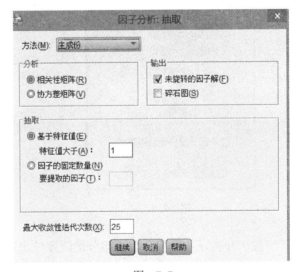

图　7.6　　　　　　　　　　　　图　7.7

抽取：如何确定因子数目．（图7.7）
旋转：输出因子载荷矩阵．（图7.8）
保存为变量：将因子得分保存为变量．（图7.9）
系数显示格式：因子载荷矩阵的输出格式．（图7.10）

221

图 7.8

图 7.9

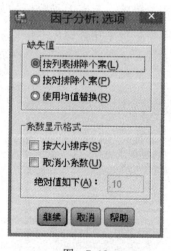

图 7.10

按大小排序：按第一因子得分的降序输出因子载荷矩阵.

取消小系数：只输出因子载荷矩阵中大于该值的因子载荷.

二、应用举例

收集到某年全国 31 个省市自治区各类经济单位的人均收入数据 <各地区年人均收入.sav>，希望对全国各地区间年人均收入的差异性和相似性进行研究.

数据原来变量：国有经济单位、集体经济单位、联营经济单位、股份制经济单位、外商投资经济单位、港澳台经济单位、其他经济单位.

注：涉及变量比较多，直接比较比较繁琐，用因子分析法，减少变量个数，再进行比较和评价；存在缺失值用均值代替．

解：操作步骤：分析→降维→因子分析→将变量加入变量列表中→描述统计（图7.11）→继续→抽取（图7.12）→继续→旋转（图7.13）→继续→因子得分（图7.14）→继续→选项（图7.14）→继续→确定

结果：

如图7.15所示，大部分相关系数都比较大，可以用因子分析．

原假设：相关系数矩阵为单位阵．

$P = 0 < 0.05$，拒绝原假设，变量相关系数矩阵与单位阵有显著差异．变量之间有相关性．

如图7.16所示，KMO $= 0.887$，接近于1，说明变量之间相关性很强．

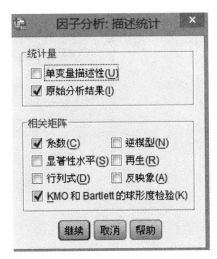

图 7.11

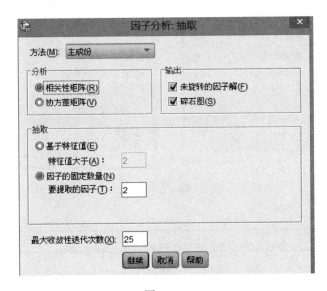

图 7.12

碎石图：如图7.17所示，只取两个因子．

对各地区人均年收入进行综合评价：计算因子加权总分
$$F = 0.43594F_1 + 0.42923F_2$$

图 7.13

 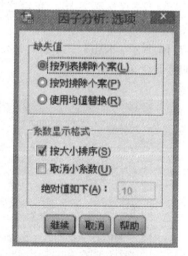

图 7.14

相关矩阵

		国有经济单位	集体经济单位	联营经济单位	股份制经济单位	外商投资经济单位	港澳台经济单位	其他经济单位
相关	国有经济单位	1.000	.916	.707	.807	.878	.882	.628
	集体经济单位	.916	1.000	.711	.741	.823	.845	.663
	联营经济单位	.707	.711	1.000	.693	.579	.663	.508
	股份制经济单位	.807	.741	.693	1.000	.785	.855	.586
	外商投资经济单位	.878	.823	.579	.785	1.000	.898	.714
	港澳台经济单位	.882	.845	.663	.855	.898	1.000	.760
	其他经济单位	.628	.663	.508	.586	.714	.760	1.000

图 7.15

第7章 因子分析与主成分分析

KMO 和 Bartlett 的检验

取样足够度的 Kaiser-Meyer-Olkin 度量。		.887
Bartlett 的球形度检验	近似卡方	210.446
	df	21
	Sig.	.000

公因子方差

	初始	提取
国有经济单位	1.000	.899
集体经济单位	1.000	.857
联营经济单位	1.000	.852
股份制经济单位	1.000	.804
外商投资经济单位	1.000	.883
港澳台经济单位	1.000	.927
其他经济单位	1.000	.835

提取方法：主成份分析。

解释的总方差

成份	初始特征值			提取平方和载入			旋转平方和载入		
	合计	方差的 %	累积 %	合计	方差的 %	累积 %	合计	方差的 %	累积 %
1	5.502	78.594	78.594	5.502	78.594	78.594	3.052	43.594	43.594
2	.555	7.923	86.517	.555	7.923	86.517	3.005	42.923	86.517
3	.394	5.624	92.141						
4	.284	4.060	96.201						
5	.126	1.802	98.002						
6	.076	1.089	99.092						
7	.064	.908	100.000						

提取方法：主成份分析。

图 7.16

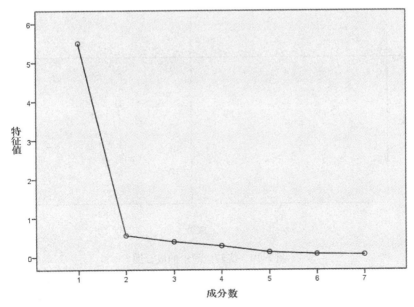

图 7.17 碎石图

成分矩阵[a]

	成分	
	1	2
港澳台经济单位	.956	-.114
国有经济单位	.944	.083
集体经济单位	.923	.063
外商投资经济单位	.922	-.183
股份制经济单位	.885	.144
其他经济单位	.778	-.479
联营经济单位	.778	.497

提取方法:主成分。
a. 已提取了2个成分。

旋转成分矩阵[a]

	成分	
	1	2
其他经济单位	.890	.207
外商投资经济单位	.784	.518
港澳台经济单位	.759	.592
联营经济单位	.203	.900
股份制经济单位	.527	.725
国有经济单位	.612	.724
集体经济单位	.612	.695

提取方法:主成分。
旋转法:具有Kaiser标准化的正交旋转法。
a. 旋转在3次迭代后收敛。

图 7.18

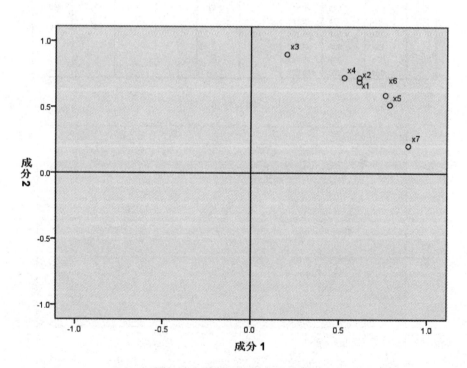

图7.19 旋转空间中的成分图

第7章 因子分析与主成分分析

成分得分系数矩阵		
	成分	
	1	2
国有经济单位	.016	.220
集体经济单位	.039	.199
联营经济单位	-.530	.738
股份制经济单位	-.069	.298
外商投资经济单位	.352	-.111
港澳台经济单位	.268	-.023
其他经济单位	.708	-.514

提取方法:主成分。
旋转法:具有 Kaiser 标准化的正交旋转法。
构成得分。

成分得分协方差矩阵		
成分	1	2
1	1.000	.000
2	.000	1.000

提取方法:主成分。
旋转法:具有 Kaiser 标准化的正交旋转法。
构成得分。

图 7.20

7.2 主成分分析

7.2.1 主成分分析概述

一、主成分系数

如表 7.3 所示,这里的初始特征值(数据相关阵的特征值)就是这里的 6 个主轴长度.

表 7.3 **Total Variance Explained**

Component	Initial Eigenvalues			Extraction Sums of Squared Loading		
	Total	of Variance	Cumulative	Total	of Variance	Cumulative
1	3.735	62.254	62.254	3.735	62.254	62.254
2	1.133	18.887	81.142	1.133	18.887	81.142
3	.457	7.619	88.761			
4	.323	5.376	94.137			
5	.199	3.320	97.457			
6	.153	2.543	100.000			

Extraction Method: Principal Component Analysis.

但是,SPSS 软件中没有直接给出主成分系数,而是给出的因子载荷,我们可将因子载荷系数除以相应的 $\sqrt{\lambda_i}$,即可得到主成分系数.

λ_1 对应的特征值向量 $(\mu_{11}, \mu_{12}, \cdots, \mu_{1p})$ 为第一主成分的线性组合系数,即

$$y_1 = \mu_{11} x_1 + \mu_{12} x_2 + \cdots + \mu_{1p}$$

如图 7.21 所示，Component Matrix 矩阵中的系数为因子载荷量，表示主成分和相应的原先变量的相关系数。相关系数（绝对值）越大，主成分对该变量的代表性也越大。

由 Component1 的系数除以 $\sqrt{3.735}$，Component2 的系数除以 $\sqrt{1.133}$，得到主成分系数

Component Matrix		a
	Component	
	1	2
MATH	-.806	.353
PHYS	-.674	.531
CHEM	-.675	.513
LITERAT	.893	.306
HISTORY	.825	.435
ENGLISH	.836	.425

Extraction Method: Principal Component Analysis.
a. 2 components extracted.

图 7.21

$$Y_1 = -0.417x_1 - 0.349x_2 - 0.349x_3 + 0.462x_4 + 0.427x_5 + 0.433x_6$$
$$Y_2 = 0.332x_1 + 0.499x_2 + 0.482x_3 + 0.287x_4 + 0.409x_5 + 0.399x_6$$

二、因子分析与主成分分析的区别

（1）主成分分析不能作为一个模型，只是变量变换，而因子分析需要构造模型。

（2）主成分的个数和变量的个数相同，它是将一组具有相关关系的变量变换为一组互不相关的变量，而因子分析是要用尽可能少的的公因子，以便构造一个简单的因子模型。

（3）主成分表示为原始变量的线性组合，而因子分析是将原始变量表示为公因子和特殊因子的线性组合。

7.2.2 主成分分析模型

一、主成分分析的数学模型

$$y_1 = a_{11}x_1 + a_{12}x_2 + \cdots + a_{1p}x_p,$$
$$y_2 = a_{21}x_1 + a_{22}x_2 + \cdots + a_{2p}x_p,$$
$$\vdots$$
$$y_p = a_{p1}x_1 + a_{p2}x_2 + \cdots + a_{pp}x_p,$$

其中，$a_{i1}^2 + a_{i2}^2 + \cdots + a_{ip}^2 = 1$。

对上式中的系数应该按照以下原则求解：

（1）y_i 和 y_j（$i \neq j, j = 1, 2, \cdots, p$）相互独立；

（2）y_1 是 $x_1, x_2, \cdots, x_p$ 的一切线性组合（系数满足上述方程组）中方差最大，y_2 是与 y_1 不相关的 $x_1, x_2, \cdots, x_p$ 的一切线性组合中方差次大，$\cdots$，y_p 是与 $y_1, y_2, \cdots, y_{p-1}$ 都不相关的 $x_1, x_2, \cdots, x_p$ 的一切线性组合中方差最小的。

二、主成分数学模型的系数求解步骤

（1）将原有变量数据进行标准化处理；

(2) 计算变量的简单相关系数矩阵 R;

(3) 求相关系数矩阵的特征值及对应的单位特征向量 $\mu_1, \mu_2, \cdots, \mu_p$.

因子分析利用上述 p 个特征值和对应的特征向量，在此基础上计算因子载荷矩阵

$$A = \begin{pmatrix} a_{11} & a_{12} & \cdots & a_{1p} \\ a_{21} & a_{22} & \cdots & a_{2p} \\ \vdots & \vdots & & \vdots \\ a_{p1} & a_{p2} & \cdots & a_{pp} \end{pmatrix} = \begin{pmatrix} u_{11}\sqrt{\lambda_1} & u_{21}\sqrt{\lambda_2} & \cdots & u_{p1}\sqrt{\lambda_p} \\ u_{12}\sqrt{\lambda_1} & u_{22}\sqrt{\lambda_2} & \cdots & u_{p2}\sqrt{\lambda_p} \\ \vdots & \vdots & & \vdots \\ u_{1p}\sqrt{\lambda_1} & u_{2p}\sqrt{\lambda_2} & \cdots & u_{pp}\sqrt{\lambda_p} \end{pmatrix}$$

A 中的任一元素 a_{ij} 是第 i 个变量与第 j 个公共因子的相关系数．统计学术语称为权重，表示 X_i 依赖 F_j 的分量，心理学家将它称为载荷．

课 后 练 习

1. 对 <基本建设投资分析.sav> 数据进行因子分析．

(1) 利用主成分分析法，以特征根大于 1 为原则提取因子变量．

(2) 对比未旋转的因子载荷矩阵和利用方差极大法进行旋转的因子载荷矩阵，直观理解因子旋转对因子命名可解释性作用．

2. 对 <粮食总产量.sav> 数据进行因子分析，分析哪些是影响粮食总产量的主要因素．

3. 对 <小康指数.sav> 数据进行因子分析并进行如下练习：

(1) 根据成分矩阵，计算各变量共同度以及各因子变量的方差贡献，并以此评价因子分析的总体效果是否理想．

(2) 根据旋转成分矩阵说明各因子变量的含义．

4. 利用主成分方法，以特征根大于 1 为原则提取因子变量对 <小康指数.sav> 数据进行因子分析并从变量共同角度评价因子分析的效果．如果因子分析效果不理想，再重新指定因子个数，对两次分析结果进行对比．

参 考 文 献

[1] 范玉妹，汪飞星，王萍. 概率论与数理统计 [M]. 3版. 北京：机械工业出版社，2017.
[2] 盛骤. 概率论与数理统计 [M]. 3版. 北京：高等教育出版社，2001.
[3] 张志刚. Matlab与数学实验 [M]. 北京：中国铁道出版社，2004.
[4] 张文彤. SPSS11.0统计分析教程：高级篇 [M]. 北京：北京希望电子出版社，2002.
[5] 张文彤，钟云飞. IBM SPSS数据分析与挖掘实战案例精粹 [M]. 北京：清华大学出版社，2013.
[6] Draper N R, Smith H. Applied Regression Analysis [M]. 2nd ed. New York：John Wiley & Sons, 1981.
[7] 孙清华，孙昊. 概率论与数理统计疑难分析与解题方法 [M]. 武汉：华中科技大学出版社，2010.
[8] 苗晨，刘国志. 概率论与数理统计及其MATLAB实现 [M]. 北京：化学工业出版社，2016.
[9] 李秀珍，庞常词. 数学实验 [M]. 北京：机械工业出版社，2008.